從不然走向自然

城市農夫的
心靈雞湯

Chicken Soup for the City Farmer's Soul

目次

體悟樸實的自然滋味

20 世紀以來的都市化現象，讓人口大量集中在城市，人口密集度升高，食物消耗增多，導致了快速消費、快食文化興起。

事實上，我們可以想像一下，食品製造者由於要供給爆量的人口需求，快食連鎖勢必要想盡辦法應付這群消費群眾的口腹，故食品產業鏈的變革、食品加工業的興盛則成為必然的趨勢，不少食安的風險也伴隨而來；對身處都市中的我們，在爭取生存權的時刻，若不是因為食安意識的抬頭，以及因為飲食習慣引發文明病的大幅提高，對於食物安全這一件基本的權益，如何能產生如此大的關注？

梭羅的《湖濱散記》一書，刻畫了人對於自然的本能追求，若與今日都市化現象來對比，「活得自然」這一件事，此刻竟成為浪漫的夢想奢求；為了生活，嬰兒潮世代從農村走向都市，追逐經濟發展；而 20 世紀末起，我們可以發現，有許多的朋友，積極從都市返回田園，身心力行，試圖找到自我的心靈樂土，或者純粹的自然「煮」義，更有部分的朋友，積極找回真正的食物主導權，從腳踏泥土的那一刻開始，改變自己的生活，投入自然的懷抱，並從泥土出發，從「心」掌握食材的純粹滋味。

《城市農夫的心靈雞湯》這本書的策劃，即是源自於食安議題發酵的時間點，我們深入採訪了十五位來自臺灣、大陸、馬來西亞三地，不同土壤與世代的食農實踐者；試圖透過各自視角的詮釋，讓讀者閱讀老師們在生活中的實踐方法與背後的故事。

書中倡導自然農法的李炎福老師身體力行，積極找回食物的主導權；吳水雲老師體悟到大自然就是座無形的道場；馬來西亞的黃田環老師實施活力農耕（BD農法），分享自然的幸福曙光；而黎旭瀛老師的秀明農法，無肥料栽培卻能讓土地回饋滿滿的豐厚能量。

白一心、李美金、吳慶鐘三位老師的友善農耕，以耐心養土的農法，改善土地生息；身為中醫師的謝無愁老師，投入友善農耕，也提供不少土壤養生的獨到思維，值得分享；劉美霞老師研究食物，打造人間天堂，讓農場成為一個練習生活的學堂；以創意馳名兩岸，建造披薩爐與麵包爐的鄭景元老師，烘焙土地的豐美滋味，並支持公平貿易的純手工商品及友善消費；樸門永續設計的唐敏老師，則著重人類結合生態的系統設計與環境共好。

楊從貴老師領導農戶，以有機物聯網，生產安全、有機的農作物，讓有心投入有機農業的青年有發展的空間；來自大陸的田月娥老師則是經由夢想的健康廚房，透過美食分享傳遞健康的緣份；此外，如何透過食安採購、用科技協助傳統農業方式，為消費者把關？林岳毅老師創新的推廣理念值得參考；在嘉義阿里山上的鄭虞坪老師則是幫助原住民築巢圓夢，產出臺灣難得的高海拔手工咖啡，其成果更獲國際大獎。

一段故事，一段幸福人生的默默實踐。這一群朋友，從理想走入了現實，其行動背後的故事，令人感動，值得更多朋友深思，在環境不復自然的此刻，有什麼比起而行更能解決問題呢？

此外，為了讓更多讀者能理解，自然的食材不僅是食安解方之一，更可藉由創意廚藝讓土地的滋味在餐桌上分享實踐，我們特別邀請擅長跨界料理的袁世輝、王雅嫻、徐鈺慈三位達人，藉由食材的創意與老師們激盪出不同的廚藝火花，讓本書更添「豐」味。

土地的豐厚回報，在餐桌上可以純粹，也能感性，更可以創新。期待農法共好，生命更美更好。

象藝創意有限公司執行長
譽藝國際有限公司總經理

城市農夫的純真心靈

日本青森縣津輕區岩木山的蘋果農夫─木村秋則先生，基於體貼太太美千子對農藥過敏，以及對土地大自然的熱愛，堅決不用農藥和肥料，採用最原始的「自然農法」，像「愚公移山」般的一股「傻勁」，種植「有機蘋果」！

8 年以來，病蟲害鋪天蓋地地侵襲而來，所有蘋果樹奄奄一息，木村先生筋疲力盡，幾乎傾家蕩產，走投無路，陷入絕境！

傻農木村萬念俱灰，帶著一條繩子上山打算自殺，就在繩子往上一拋，準備上吊的千鈞一髮之際，繩子竟從指間滑落！

突然！在月光下，他居然看到一顆閃閃發亮的野生蘋果樹！健壯的大樹，盡情地伸展樹枝，每一根樹枝上都長了滿滿的樹葉，美麗得令人屏息，看得出神！

既然是野生的樹，沒有噴灑農藥和施用肥料，卻沒有任何病蟲害，活得如此健康，這怎麼可能？

木村突然間頓悟了！

木村終於領悟到「自然農法」的關鍵因素，如同在兩千五百年前的釋迦牟尼佛，在樹下覺悟了。木村通過種種考驗，柳暗花明，參究透徹，這個偉大的覺醒，造福了後人和地球！

現在，木村先生已成為傳播「自然農法」的「生命大師」，引領世人 30 幾年，是偉大勇敢的先驅！

雖然木村實施自然農法，一開始便連續失敗了八年，就連蘋果樹也都禁不起病蟲害的摧殘，相繼枯萎死去！

就在束手無策之際，木村用謙卑的真心，放下身段，跪下身來，和蘋果樹說話！……

木村對蘋果樹說：「對不起，我讓祢們受苦了！」

「祢們不用開花，也不用結果！都沒關係！」

「只求求祢們不要再枯掉了！」

木村真誠的「赤子之心」感動了天地宇宙！

就在第 9 年，奇蹟真的出現了！木村的有機蘋果園中的 800 多棵蘋果樹，竟然起死回生，一下子全部都開了花！該年蘋果結實累累，是個大豐收！令人震撼，大家都感動落淚！見證了這個奇蹟！

如今，木村的奇蹟蘋果，已經奇貨可居、供不應求了！廣大的日本消費者，以能吃到木村的奇蹟蘋果為榮，哪怕只有一次都好！

法國餐廳專進木村的奇蹟蘋果，並用以製作頂級的湯，但餐廳的預約已排到一年之後了。

主廚井口久和表示：「木村所種的蘋果居然不會爛掉，只會乾掉，祂真是匯集了生產者的靈魂啊！」

木村先生的蘋果湯，就是具有「生命靈魂」的「心靈雞湯」！

其實在臺灣本土，已經有一群像木村秋則這般有純真之愛的「心靈農夫」，愛護著臺灣、守護著地球，堅持「自然農法」，超越「慣行農法」，他們都是光明的使者，正在改革地球，破解「化學農業」的迷思，開創「自然農藝」的新局，讓地球建造為人間天堂，讓大家活出生命的桃源！

本書的主角們，都是睿智的先知、人間的菩薩，透過祂們不同的生命傳奇，和大自然不斷地展開親密的心靈對話，共譜愛曲，用祂們純真的心靈，領悟天啟，種出的作物，都是充滿光愛的仙子，哺育著芸芸眾生，撫慰著被愛的心靈，祂們在臺灣和全球，撒下光明的種子，結出純愛的果實，用此充滿靈性生命的食材，作出了靈魂品質的雞湯！

激活我們身心的健康！
喚醒我們純潔的本然！
人法地、地法天、天法道、道法自然！
反璞歸真，回歸自然！生命安頓，永保健康！

佛化人生　生命園丁

陽臺上的生態村

2010 年的秋天，我認識了陳琦俊老師，他是臺灣第一代實施自然農耕的先鋒者，二十多年前便獨道孤行地在合歡山闢地栽種，光是養地便花了兩年的時間，這兩年，沒有作物、沒有收入、還要受鄰近農人的訕笑，當時是在一個慣行農法稱霸而自然農法根本沒人聽說的年代，很難想像他是如何堅持下來的。

後來我因為參與推廣「生態村」的概念而決定去向陳老師學習農耕，於是展開了兩年在山上租地種菜的日子，如果要我回想有生以來的軌跡，那段日子絕對擁有不可磨滅的記憶，因此我不但披露在自己的第一本書裡，也時不時地在臉書上、課堂上說呀說的，就這樣，許多在身心靈領域學習的學生、朋友們也紛紛捲起袖子、蹲下身子整地種菜，生態村的實體雖沒有成形，但綠色的種子正化整為零地在許多人的生活中落地生根了。

因為捨不得揮別山上種菜的經驗，很自然地便把小傢伙們的後代移植到自己的陽臺上，原來的花草樹木中多了一些食用的蔬菜—番茄、地瓜葉、紅鳳菜、枸杞、小辣椒、活力菜等，為居家增添了不可思議的生命力，幾年來，它們一直是我每天晨起後第一個拜訪的對象。

這本書也同樣述說著許多前輩與同好的植栽故事。

萬物一體，互相效力，說不準這些故事即將喚醒你心中的那顆綠色種子哩！

光的課程教師

城市農夫的必要元素：創意和挑戰

以空間而言，城市是鄉村的擴展和延續；從歷史的觀點，城市的過去就是鄉村。城市曾經是生產者，而經歷時空的演變，逐漸失去生產的功能，如繁華的臺北信義計畫區，四、五十年前也曾是生產稻米的地方。

由於人口的移動，全世界的都市人口已經超越鄉村人口，亦即農業生產者的人數下降，而生產者要服務的消費者人數也相對地增加。

另外，交通工具、資訊網絡的快速流通，消費已經無國界，產品也更多樣化。但多元和大量的消費，造成了資源的浪費，產生更多的廢棄物，甚至造成傷害地球整體的溫室效應，人們開始反思城市與鄉村的單一生產與消費的關係。

城市可以成為生產者嗎？在哪些條件下城市可以成為生產者，而不只有鄉村單一的生產者？

創意和挑戰，無疑是成為城市農夫最必要和簡單的元素。因為要挑戰都市現存的地理條件和人口結構，甚至是自己習慣已久和自以為是的消費者角色。

而這也意味著要同時扮演消費和生產的角色。經歷了角色的互換，相信消費者會更加了解生產者，以及生產的環境，進而創造更好的生產環境，生產更安全、高品質的產品。

創意則表現在他們使用的農法，所謂的農法，本就標準不一，甚至沒有單一標準。但最高的挑戰是道法自然，不管上到日月星辰的天文，下到地底土壤的地理；農業生產的知識建構是相當博奧精深，微生物的釀造也是如此的不易。

希望道法自然的經驗能分享給更多讀者，播下更多種子。書中十五位主角的創意和挑戰，總有讓人屏息以待的驚奇與驚艷。

在此也向曾經道法自然的播種者陳琦俊先生致上深深的敬意。

綠色陣線執行長　吳東傑

「食物生產者」的重要性

留日的時候,曾經有一位日本農夫的話影響我至深:「身為一個自然農法的農夫,不僅要懂植物,還要懂氣候、水文、土壤、昆蟲和動物,應該是頭腦很聰明的人才能當農夫。只可惜,現代社會看不起農夫,農村留不住頭腦很好的人,而留在農村的人只能依賴農藥、化肥來維持生產,從此農夫失去了觀察天文、地理,與自然共生的天職。」

臺灣在歷經一波又一波的食安風波後,社會大眾終於開始肯定「食物生產者」的重要性。本書介紹十五位回到土地,重拾天職的農夫,其中有幾位是與我多年相識的老友,他們不僅專注於生產與生態平衡的實作,更致力於推動友善農耕或食農教育。我要向他們表達敬意,因為今日的農夫宛如行者,他們所面對的嚴酷挑戰是首先必須在飽受蹂躪的天地間,努力重建生態平衡,才能逐漸恢復土地的生產力,這樣的辛勞若非有強大的信念,是不可能超克的。我與這些朋友接觸時,經常感受到他們的謙卑、憐憫之心,這是一種慈悲的力量。我相信這些天地行者的足跡,正是未來臺灣發展所要追尋的道路。

新竹教育大學環境與文化資源學系　副教授　邱瑞珍

城市農園

很多人問我,為什麼種屋頂菜園都種不起來,常講,是觀念的問題,觀念對了,做起來就很容易,臺灣人現在從生存走入生活,在欣賞美的事物還有一段距離的時候,種屋頂菜園就要從實際可以吃來出發,一般都建議大家從香草開始種,像芳香萬壽菊有百香果的香味,檸檬香茅是檸檬味,巧克力薄荷是口香糖的香氣,再加上臺灣人喜歡吃甜的習慣,種甜橘,會吃會用才會照顧,之後種其他東西才會成為可能。

會推廣屋頂菜園是一種觀念的改變,如果只是為了要吃,直接買不是最簡單、最快、最便宜的事?為什麼要花時間、花精神自己去照顧?觀念的改變是難的,環境永續講在嘴巴很容易,要實行很難,所以強調屋頂菜園一定要做廚餘變堆肥和雨水回收,從教育的角度去切入屋頂菜園的種植。

在城市種屋頂是為了教育,那種地上是為了什麼?很多人在認養維護城市農園的時候,都把種出來的東西當成「私產」,試想一下,城市農園在公園、綠地、學校……幾乎都是公有地,為什麼種出來的東西會變成私人的?不是一件很怪的事?

應該說,在城市種是一種心情,一種生活,一種運動!種出來的東西是一種分享,分享給更多的人!

透過這 15 位不同身份受訪者與土地發生的關係,進而重視到食農教育的重要性,讓城市農園與分享不再只是口號而已。

248 農學市集發起人 /《白米不是炸彈》作者 楊儒門

有機農業為什麼這麼重要？

我們都是所謂現代文明人，最糟糕的地方不是吃不飽，也不是吃不好，而是健康天然的食物太少。現代化農業，栽培基因改造作物，利用大量化學肥料和農藥，破壞地力，汙染水源。食物產量高，但缺乏營養，甚至吃到許多類似食物的加工食品。

1950 年美國 FDA 容許添加到食品的化學藥品只有 600 種，2010 年增加到 8700 種。只要讓孩子每星期上兩次美式速食店，一輩子將會吞下 40 公斤化學藥品。所以聯合國糧農組織訂 2014 年為國際家庭農耕年，2015 年為國際土壤年，鼓勵全世界重視小農經營的農業。

碳排放是毀滅地球的元兇之一，如何降低碳排放？要從有機農業著手，要降低食物里程。為什麼要有機？因為傳統的化學農業，使用大量的化學農藥和肥料，這些農藥和肥料的製造過程，已經排放大量的二氧化碳。傳統的化學農業，必須要為全球 30% 的二氧化碳排放負責。美國的 Rodale 研究所指出，經過 23 年的有機農業，土壤的有機碳會增加為原來的 15% 到 28%。有機農業就是在減少二氧化碳排放，還可以把有機碳儲存在土地裡。如果有一個 128 公頃的農場，把它轉變為有機農場，就相當於把高速公路上開的 117 輛汽車，收在車庫不再開，節省同樣的二氧化碳排放量。以全臺灣 80 萬公頃的土地來算，全部改成有機農場，將相當於減少 73 萬輛汽車的排放量，也相當於減少 378 萬頓二氧化碳排放量。所以有機農業不只可以保障人類健康，挽救生態環境，還可以拯救地球。

食品安全是 21 世紀人類最重要的問題，有一個說法，如果你的曾曾曾祖母不曾吃過的食物，就別吃。

《城市農夫的心靈雞湯》介紹多種天然農耕方法。從自然永續的角度，以各種風行全球的簡易農法，教你怎麼生產健康且營養豐富的食物，讓你進行餐桌上的革命。並介紹幾位新世代的農夫，從嚴選食材，烹調，讓天然健康飲食調養你的身心。內容包羅萬象，有些地方難免掛一漏萬。但對想要自食其力、重視養生的消費者，仍有入門之參考價值。

南華大學　講座教授 / 科技學院院長

走一條食物分享的路

臺灣人在面對食品不安全的情況下，開始選擇自力救濟，自己種菜自己吃，行有餘力，分享給其他的人。

曾經，臺灣人喜歡的色香味俱全而且多油膩的口味；隨著健康概念提升，現在，喜歡健康安全飲食的人口愈來愈多，進而影響到餐飲業，開始提供健康的餐點。依循資訊流通，還有些臺灣人引進國際的連結，綠色消費、永續發展、氣候變遷等各種前瞻性的理念，計算食物里程、購買在地食物、消費當季蔬果，落實在這片美麗土地上。

每天吃的東西，大家不是想吃工廠製造出來的罐頭食品、包裝食品，而是想吃真正的食物。

真食物，是能讓人看到它真實的面貌，甚至希望能看到它成長的樣子，追尋它的變化，探索它與周邊的環境如何共生共存。

稻米是如何長大，栽種過程如果沒有施放殺蟲劑和農藥，鴨子就可以在田裡，自由自在，游來游去，穿梭在稻株之間。稻子成熟了，鴨子也長大了！

現代農業迷人之處，就是把原本站在田園旁邊觀看的客人，變成農地的參與者。於是，許多人喜歡到田園之地，親自下田，把自己回歸自然，親手摸到真食物一天天變化的軌跡。人，到農村體驗，進一步，落地生根，成為農地生活生長的一分子。

什麼時節，種什麼，如何種。有心的人，喜歡分享。透過《城市農夫的心靈雞湯》，臺灣真食物的故事，就這樣蔓延開了！

現任立法委員 / 曾任主婦聯盟環境保護基金會董事長　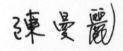

《為土地貢獻的心靈地圖》

專注土壤的芬芳，內在神性自會顯現。
讓我們一步一腳印循著土地的心靈地圖，
找回最初始的那份感動吧！

鄭虞坪
優遊吧斯

現為優遊吧斯股份有限公司董事
長。致力產出臺灣難得的高海拔
咖啡及高山茶。

TAIWAN
嘉義阿里山

觀光休閒農業

鄭景元
柴燒爐麵包窯／披薩窯

建造柴燒爐的達人，讓業主烘焙
出原味麵包、披薩，如今有18座
分佈在臺灣各地及大陸。

TAIWAN
臺北三芝

柴燒爐達人

田月娥
田媽媽快樂大廚房

重慶「田媽媽健康廚房」
創辦人。低碳、低溫、低
鹽、低油的健康烹飪。

CHINA
重慶萬州

健康廚房／有機料理餐廳

林岳毅
生產履歷溯源系統

台茂全球通股份有限公
司總經理、透過溯源系
統，讓消費者拿回食安
的主控權。

TAIWAN
臺北中山

有機物聯網

TAIWAN
臺南官田

食養生活美學家

TAIWAN
桃園龍潭

生機互動農法

TAIWAN
花蓮壽豐

MALAYSIA
馬來西亞

楊從貴
友善大地有機聯盟

友善大地社會企業執行
長，解決農業生產者在市
場機制的弱勢問題。

劉美霞
晨捷生活農場

晨捷生活農場主人，支持採購小
農生產的作物，是農場主要的食
材來源。

吳水雲
光合作用農場

花蓮光合作用農場主人，
BD（生機互動農法）農法
踐行者，體悟到大自然就
是無形的道場。

黃田環
和平農場

馬來西亞金馬倫高原-和平
農場主人，BD（生機互動
農法）農法踐行者。親自
建築樹屋。

唐敏
新店花園新城樸門小農園

澳洲樸門永續設計師，帶領居民做社區土地復育及永續農藝工作。

黎旭瀛
淡水幸福農莊

幸福農莊主人，期許自己成為一個「農醫」，從秀明自然農法學習真正的預防醫學。

李炎福
三空泉菜園
北新莊菜園

「自然農耕實踐者」，追求自給自足、共耕分享的快樂自然生活者。

樸門永續設計　　　　　　　秀明農法　　　　　　　自然農法

友善農耕

謝無愁
廣興農場

擅長中醫養生、食療、友善農耕，認為養生之道，要先了解免疫系統正常運作的方法。

白一心
臺北市信義社區大學

曾獲得「臺北市優良社區大學教師獎」，擅長農場實作、屋頂菜園及藥草野菜種植。

李美金
石碇農場、三星農場、大洲農場

擅長農場整地經營與規劃，一步一腳印把被破壞的地力一一的恢復。

吳慶鐘
紀元農莊

宜蘭紀元農莊的主人。藉由友善農作的過程尋回最初繫念的生命價值。

從新世代農夫的契機裡，
看見 簡單的生活，
體驗 食養食療的共好，
心創 美學豐盛的生命樂章，
因為感動不僅是共鳴，更是分享。

Chapter 1
新世代農夫

New City Farmers

01

奪回吃的權利，
更為全球暖化做準備！

「我要拿回食物的自主權。」—— 李炎福

北科大電機所畢業的他，是農家子弟，自幼務農，曾是臺北市立內湖高工
教師。中山社大農耕班班長，為友善農耕實踐者。2015 年退休後，致力於
成為「自然農耕實踐者」，追求自給自足、共耕分享的快樂自然生活。
（李炎福是自然農法的實踐者，相關農法請參照—第 226 頁）

懂得分享　才能共享

香蕉

芭樂　　柑橘

高麗菜

地瓜

白

洛神　　百香果

芋頭

楊桃　　枇杷

莴苣

紅蔾

馬鈴薯

紅

竹筍　　火龍果

花椰菜

芭蕉

讓自給自足與食田共耕，
翻轉現代都會人的生活方式。

農場約五百坪，
近淡水商工，
目前約有十位伙伴一起共耕管理，
以自然農法種植一般食用的葉菜類
及根莖類等蔬果雜糧為主，
除了提供自家食用外，
也會視產量進行販售。
對自然農法理念有共識的伙伴，
農場也歡迎參觀或認養菜畦。

芹菜
草莓
過貓
荷花池
（生態池）
包心白菜
芥藍菜
菠菜
資材室
堆肥區

識貨的兔子

時序進入夏季，四周盡是繚繞不絕的唧唧蟬鳴，李炎福難掩自豪的興奮神情，因為他手中的作物顛覆了「夏蟲不可語冰」，大家紛紛發出「這是紅蘿蔔啊？」、「怎麼現在會有？」的連連驚呼。李炎福笑得更厲害了，他採收好幾根紅蘿蔔準備給大家吃，然後在一旁戲謔地說：「待會兒你們就當兔子！」

原來李炎福的一位農耕班同學有飼養兔子，而且是非常挑食的兔子，牠只吃有機及自然農法所種植的紅蘿蔔，絕不吃慣行農法的紅蘿蔔。但紅蘿蔔一般屬秋冬季作物，所以一到炎炎夏日，這位農耕班同學就束手無策地求助於他。「嘿嘿！沒有人有，只有我有！」李炎福又得意地笑了，他告訴我們，秘訣就只在一雜草。

🏠 三空泉休閒農場
📞 0939964674

🏠 北新莊菜園
📍 淡水水源國小附近
📞 0939964674

結實纍纍的香蕉，彷彿象徵著人們累世的健康與幸福。珍惜大自然所給予的。

訣竅很簡單，水分與覆蓋而已

李炎福在四年前開始接觸友善農耕，前兩年施行有機農法，後兩年則是貫徹自然農法，連有機肥也不下，開始完全以雜草覆蓋的方式來涵養地力。平均一個月要用割草機割一次雜草，然後因應季節氣候調整雜草的覆蓋厚度。夏天時紅蘿蔔周圍更是刻意保留部分雜草作為遮陽傘，讓怕熱的紅蘿蔔得以存活。放眼望去，這座菜園的作物一點也沒有受到無農藥、無肥料、無除草劑的影響，個個肥大豐碩。

他展示各種作物時，繼續告訴我們雜草的種種好處，比如雜草的保濕功能就讓灌溉一事變得更輕鬆：「水分與覆蓋，自然農法就這兩個訣竅啦！」。這時我們已經生吃了幾口紅蘿蔔，也有人吃了玉米筍，那種有別於市售食材的「臭青味」，大家對嘴裡天然的清甜香驚豔不已，在品嚐這難能可貴的自然美味之餘，更令人不禁好奇他當初對務農是怎麼起心動念的。

奪回吃的權利

李炎福原是內湖高工的老師，因為不想再忍受被市場決定的食材品質，他憤慨地表示：「工作的錢都拿來買有毒的食物，這樣不對啊！」從此下定決心要爭取「食物的主權」，先利用假日學習友善農耕，後來才找到此處菜園。年初退休後更是全力投入，興頭只增不減。或許從小就是農家子弟的緣故，加上農法掌握得宜，談起至今的農耕之路，除了樂在其中，完全沒有一般慣行農夫的挫折。

他解釋，之前耕耘這塊地的慣行農夫沒有很勤奮，反而保存了地力，尚不至於貧瘠。他透過雜草管理，落實水分及覆蓋兩個要領，再適時、適地、適種。剛開始採用自然農法的挑戰很大，但堅持下來，各種令人嘖嘖稱奇的現象似乎理所當然─停止施肥，作物更健康，蟲不愛吃，也不需要用農藥防治病蟲害。「沒有肥料就沒有蟲，我從來不處理蟲的問題啊！不要噴藥去干涉，恢復自然生態，草食及肉食的蟲會自然平衡，土壤中的微生物也會負起供給作物養分及抗病蟲害的功能。作物有時會被吃掉，但很有限，大部分會留給你吃啦！」，李炎福驕傲地說，「天然、省工、又好吃，很Q很甜，吃香蕉像在品酒，自然農法種出來的作物真的不一樣！」

停止施肥！
然而
蔬果的味道卻
更加甜美！

◀ 李炎福的菜園

1 - 絲瓜
2 - 蓮花
3 - 胡蘿蔔
4 - 花生
5 - 地瓜
6 - 高粱

抗暖化食物計畫

李炎福帶著我們繼續菜園巡禮，介紹諸如山藥、絲瓜、芭蕉、樹薯、紅藜、芝麻……時，突然提到了務農的長遠目標。李炎福神情認真地道出，他已經提早為全球暖化做準備，並指著樹薯說，這種非洲主食作物很好種，又不容易受溫度影響，愈熱長得愈好。包括芭蕉及香蕉，都是他抗暖化的糧食計畫之一。李炎福開玩笑地說：「你們餓死，我都還在，哈哈！」說罷，他又忍俊不住像個老頑童般地哈哈大笑起來。

公蟬仍奮力在樹上大鳴大放以尋找配偶，一片夏日綠意中，大家圍著李炎福，啃咬著他親手栽種的作物，全都心甘情願地當他的兔子，不但東西好吃又永遠不用擔心會餓死！

食養分享
我的原味廚房

胡蘿蔔燕麥湯

材料一

水	1000cc
奶油	20g
胡蘿蔔	400g
地瓜	80g
洋蔥	50g
芹菜	30g
月桂葉	3 片

材料二

燕麥片	40g
牛奶	200cc
義大利香料	1/2t
鹽	2t

作法

step1. 將材料一下鍋煮，煮滾後將月桂葉取出丟掉，再將鍋中其他材料打碎。

step2. 將材料二的燕麥片放入湯汁中泡著，再和牛奶、義大利香料、鹽一起煮滾即可。

 貼心小祕訣：

煮湯前，
燕麥片可先泡入牛奶中更具風味。

黃金樹薯甜湯

材料

樹薯……………………………… 150g
水………………………………… 500cc
砂糖……………………………… 2T
薑………………………………… 少許

作法

step1. 將樹薯切塊。
step2. 加水煮約 30 分鐘，確定樹
　　　　薯軟了再加砂糖及薑即可。

 貼心小祕訣：

黃金樹薯很容易氧化黑掉，採收後三天內得食用或
是剝皮切塊冷凍起來 (不用水洗直接冰，煮時再洗，
冷凍約可存放 1~2 個月)。

樹薯的皮有兩層，一層薄一層厚，兩層都要削掉。
中間有一根心要取出，心煮不爛，會影響口感。

煮熟的樹薯外層呈透明狀，內裡呈黃色似番薯圓。

絲瓜雲吞

材料一

雲吞皮 ······························ 300g

材料二

豬絞肉 ······························ 200g
鹽 ································· 1t
白胡椒粉 ··························· 1/4t
薑 ································· 少許
海帶芽 ····························· 1t
蔥 ································· 2 根
醬油 ······························· 1t
糙米醋 ····························· 1/4t
絲瓜皮 ····························· 130g
紅蔥油 ····························· 1/4t

材料三

絲瓜肉 ····························· 100g
鹽 ··························· 1/4t 的 1/3
香油 ······························· 少許

作法

step1. 海帶芽泡軟，薑、蔥、絲瓜皮切碎，絲瓜肉
　　　 切塊。

step2. 使用材料二製作雲吞內餡。

step3. 將包好的雲吞和絲瓜肉一同入滾水中煮熟，
　　　 加入鹽、淋上香油即可上桌。

 貼心小祕訣：
雲吞內餡拌至均勻黏稠狀，
吃起來更美味。

農場蔬菜煨麵

材料一

油	3t
洋蔥	30g
蔥	1 根
薑	4g
紅蘿蔔	40g
杏鮑菇	50g
鮮香菇	50g
洋菇	50g
金絲菇	50g

材料二

雞蛋	1 顆
醬油	少許
黑胡椒	1/4t
鹽	1/2t

材料三

細麵條	300g
九層青醬	70g

作法

step1. 將材料一的洋蔥、薑、鮮香菇切絲，紅蘿蔔切片，杏鮑菇
切段，蔥切末，油入鍋後將材料一炒軟。

step2. 將材料三的細麵條煮好撈起，先加入九層青醬拌炒，最後
加入材料二和材料一拌炒即可。

 貼心小祕訣：細麵條水煮八分熟即撈出拌炒，才不會過軟。

胡蘿蔔椰子聖誕小屋

材料一

蛋	200g
糖	150g
蜂蜜	150cc
牛奶	70cc
沙拉油	200cc
蘇打粉	5g
泡打粉	5g
鹽	5g
肉桂粉	6g
中筋麵粉	300g
紅蘿蔔絲	250g
椰子絲	50g

材料二

奶油起司	450g
奶油	200g
檸檬汁	30cc
檸檬皮	1 顆
糖粉	600g

諾迪威模具 NO.86748

作法

step1. 將材料一的蛋、糖、蜂蜜打發

step2. 將牛奶和沙拉油加熱到微溫，接著拌入 step1。

step3. 拌入蘇打粉、泡打粉、鹽、肉桂粉，然後拌入過篩的中筋麵粉。

step4. 拌入紅蘿蔔絲和椰子絲。

step5. 倒入模具，入烤箱以 170/17 度烤 40 ～ 45 分鐘即可。

step6. 用材料二製作檸檬起司糖霜作為裝飾。先將奶油起司、奶油打軟。

step7. 加入檸檬汁和檸檬皮。

step8. 最後加入糖粉拌勻。

水果杯子蛋糕

材料

香蕉⋯⋯⋯⋯⋯⋯⋯⋯⋯ 1 根

蜂蜜⋯⋯⋯⋯⋯⋯⋯⋯100cc

奶油⋯⋯⋯⋯⋯⋯⋯⋯100g

糖⋯⋯⋯⋯⋯⋯⋯⋯⋯50g

鹽⋯⋯⋯⋯⋯⋯⋯⋯⋯ 1g

蛋⋯⋯⋯⋯⋯⋯⋯⋯⋯ 1 顆

低筋麵粉⋯⋯⋯⋯⋯⋯160g

泡打粉⋯⋯⋯⋯⋯⋯⋯ 4g

碎核桃⋯⋯⋯⋯⋯⋯⋯20g

各式水果⋯⋯⋯⋯⋯⋯適量

諾迪威模具 NO.45550、NO.45503

作法

step1. 烤箱預熱 180 度，奶油與糖打發。

step2. 分次加入蛋液拌勻。

step3. 加入過篩的低筋麵粉、泡打粉、鹽拌勻。

step4. 接著加入碎核桃、香蕉、蜂蜜。

step5. 倒入模具，入烤箱以 180/180 度烤 30 ～ 40 分鐘，出爐後再以各式水果裝飾即可。

自耕自食，
吃自然的食材才舒服！

「身體早就告訴我，吃什麼比較好。」

——— 李美金

陳琦俊老師三個農耕班的大班長，石碇綠生磯教學農場園長，曾學習秀
明農法／KKF 農法／發酵學，並和宜蘭一位 87 歲耆老學習有機農法。
2013 年曾在宜蘭共耕自食種植稻米與蔬果，專長為農場整地經營與規
劃，資材上下游採購調配。最大的願望，就是一步一腳印，把被破壞的
地力一一的恢復。
（李美金是友善農耕的實踐者，相關農法請參照一第 228 頁）

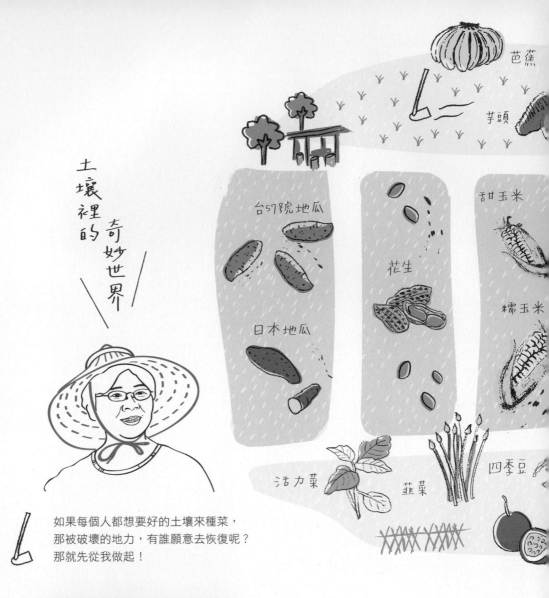

土壤裡的奇妙世界

芭蕉

芋頭

台57號地瓜

甜玉米

花生

糯玉米

日本地瓜

活力菜

韭菜

四季豆

如果每個人都想要好的土壤來種菜，
那被破壞的地力，有誰願意去恢復呢？
那就先從我做起！

一甲子有機菜園
位於宜蘭葫蘆堵橋旁，
由年近九十、人稱「阿伯」的
耆老黃義財所開闢，
主要是希望透過這片園地，
將本身超過六十年的農耕經驗傳承下去。
阿伯幾乎全年無休地在現場指導，
歡迎任何有心學習有機耕作的人
來這裡認養菜畦。

甘玉米

九層塔

玉米

九層塔

一甲子的傳承

在宜蘭的葫蘆堵大橋旁，有一座是利用蘭陽溪沖刷留下的河沙開墾而成的菜園。沿著突兀的紅色鐵橋，繞過蜿蜒的竹林小徑，我們便來到這座「一甲子有機菜園」。這會兒，有一夥人不怕被蚊蟲叮咬或被泥土弄髒，正談笑風生地在各自的菜畦除草、採收。其中一位正撥弄著採收盆裡蔬果的，是人稱「美金班長」的李美金。名字相當闊氣的她，斗笠下留著一頭俐落短髮，配著斯文眼鏡，神情怡然自得。李美金告訴我們，她在這個菜園向一位名字頗俠骨仁心的耆老—黃義財—學習有機農法。「阿伯很不錯，六、七十年前就開始種有機，現在都八十多歲了！」她笑著說。

除了學習農法，李美金更想了解老農的務農思維及生活哲學。自陳琦俊老師的農耕班開始學習之後，她慢慢體會到農民的種種困難及苦處。大多農民在農忙完還必須兼職以補貼家計；由於擔心滯銷，耕種面積較大的農民，也常被批發商殺價，尤其批發商只注重外觀而非品質，有時甚至發生採收就現賠、不如棄收的窘境，而這也是農業發展難以擺脫高度用藥的一個主因。

🏠 一甲子有機菜園

📍 24°42'04.4"N　121°43'52.6"E

📞 0910147938

一顆南瓜的價值，
不在外型，
而在它所蘊含的
營養價值，
自耕自食的意義
正在此。

◀ 李美金的菜園

1 - 地瓜
2 - 現採土豆
3 - 芭蕉
4 - 彩椒
5 - 百香果
6 - 古早抽水機

自己吃的菜自己種！

談到農民處境以及臺灣的食安問題，李美金那恨鐵不成鋼的感嘆中，帶著一分婆婆媽媽的疼惜。回想起學習有機農法、開始自耕自食之前的飲食品質，她不禁抱怨：「吃飯感覺只是為了餬口！」當時的她還庸庸碌碌地經營著早餐店，對於吃一切只求方便，直到有次自助餐店老闆的提醒，她才發現自己不知不覺中已改吃蔬食了，她的身體早就拼命地向她傳達著某種訊息。隨著農耕知識的累積，不斷地印證及感受，李美金確信用自然農法種植出的食材，才是小時候吃到的菜的原味。

因為父母在臺北工作，無暇照顧，小時候的李美金跟外公、外婆在雲林鄉下住了好幾年。這段窮鄉僻壤的時光，還有外公、外婆的家常菜，成為她最難能可貴的經驗。「鄉下沒錢，所以沒用那些有的沒的，都是最自然的食材。」現在的她知道，市面上的菜大多充滿悶悶重重的肥料味，跟小時候吃的菜的清香完全不一樣。而身體不斷告訴她的訊息便是：吃自然的食材才舒服！

推廣之路

我的菜長得不好看，又長得慢，但味道是好的，我不要它漂亮或長得多快，好吃就好。這是我的長期觀察，沒有證明，是透過身體反覆體驗下來的領悟。寧可它慢慢長、長得醜也沒關係、產量少也沒關係，營養反而足夠。」李美金不好意思地笑著：「也是懶啦！要是長得多，照顧起來也很累，呵呵！」

李美金腳踩雨鞋，手拿鋤頭，帶我們看了一圈完全沒有使用除草劑的菜園。一般慣行農法不接受的雜草四處叢生，但透過草生管理及使用自製堆肥，收成似乎未受影響。她邊走還邊告訴我們，目前除了持續學習有機農法，也注意到廚餘處理這重要的一環，並大力推廣「環保酵素」，讓有機農法的應用更廣。

望著一輩子不灑農藥的耆老身影，「我只是作我認為該作的事。」李美金堅定地說。

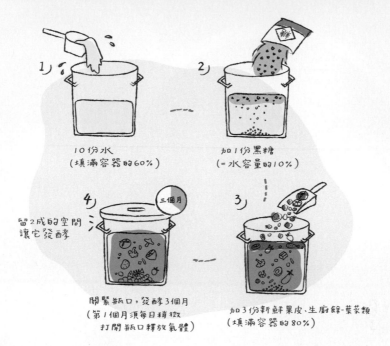

10份水
(填滿容器的60%)

加1份黑糖
(=水容量的10%)

留2成的空間
讓它發酵

三個月

關緊瓶口，發酵3個月
(第1個月須每日稍微
打開瓶口釋放氣體)

加3份新鮮果皮、生廚餘-菜菜類
(填滿容器的80%)

環保酵素 DIY

材料

黑糖（黑糖或黃糖，不用白糖，因為黑糖有較多礦物質，功效較好）⋯⋯⋯⋯⋯⋯⋯⋯ 1 公斤

菜渣 / 果皮（鮮樹葉、水果皮、馬鈴薯皮等）⋯⋯⋯⋯⋯⋯⋯⋯⋯⋯⋯⋯⋯⋯⋯⋯ 3 公斤

水⋯⋯⋯⋯⋯⋯⋯⋯⋯⋯⋯⋯⋯⋯⋯⋯⋯⋯⋯⋯⋯⋯⋯⋯⋯⋯⋯⋯⋯⋯⋯⋯⋯⋯ 10 公升

「黑糖：菜渣果皮：水」比例是 1：3：10（不一定是要以公斤來計算）

容器

有密封蓋口的塑膠容器

作法

step1. 準備一個有密封蓋口的塑膠容器。

step2. 把水和黑糖倒進塑膠容器裡攪伴均勻，陸續加入廚房新鮮廚餘垃圾。

新鮮廚餘垃圾包括：鮮樹葉、水果皮，以及準備丟掉的蔬菜或植物。

step3. 容器內留一些空間，以防止酵素發酵時溢出容器外。

step4. 將容器蓋緊。

step5. 過程中會產生氣體，切記每天將蓋口稍微打開，釋放氣體，避免容器被撐破。

step6. 不時把浮在液面上的垃圾按下去，使它浸泡在液體之中。

step7. 環保酵素應該放在空氣流通和陰涼處，避免陽光直射，發酵 3 個月後即可使用。

＊注意事項：第 1 個月須每日打開容器上的蓋口，釋放氣體，其氣體非常的強，故不建議使用玻璃容器。有些環保酵素經過一個月後便沒強氣，就不用再開蓋了。

南瓜雞湯

材料

南瓜·····························400g
土雞······························半隻
薑···························· 1 小塊
鹽······························適量
米酒····················· 2~3 匙

🍲 貼心小祕訣：

將鍋子及雞肉表面的浮沫沖洗乾淨，這樣的雞湯會相當的清澈且清甜。也可加入枸杞，顏色會更漂亮湯更甜。

作法

step1. 將雞肉切成適當大小，用滾水汆燙至浮沫出現，接著放到水龍頭下，用活水沖洗至完全乾淨。

step2. 將南瓜外皮洗淨切塊，薑切片。

step3. 將雞肉放入另一裝著冷水的湯鍋中，加入薑片、米酒，蓋上鍋蓋大火煮 30 分鐘。

step4. 接著加入南瓜塊，再蓋上鍋蓋，湯滾後轉小火再煮 30 分鐘。

step5. 起鍋前用適量鹽調味即可。

番薯親子天婦羅

材料一

番薯	200g
芹菜葉	10g
甜不辣	100g
蔥尾	10g
麵粉	2t
番薯葉片	20g

材料二

麵粉	50g
冰啤酒	115cc
鹽	1t

作法

step1. 將番薯刨絲，甜不辣切成片，蔥尾切碎。

step2. 混合材料二為麵衣。

step3. 熱炸油，取適量的材料一裹上少許的材料二，入油鍋。

step4. 再淋上少許材料二即可。

 貼心小祕訣：

油鍋熱油時，可滴些冰涼的材料二入鍋，若有小氣泡表示油溫達到可油炸的適當溫度。

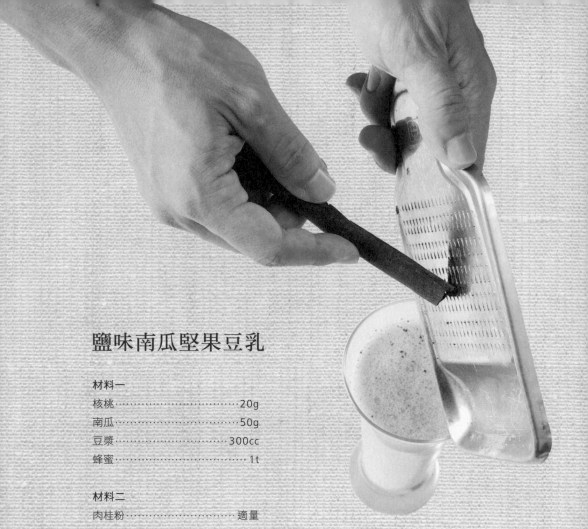

鹽味南瓜堅果豆乳

材料一

核桃························20g
南瓜························50g
豆漿························300cc
蜂蜜························1t

材料二

肉桂粉························適量

作法

step1. 南瓜蒸熟。

step2. 材料一全數用食物調理機打勻，再撒上材料二即可飲用。

 貼心小祕訣：溫溫喝更好喝。

花生豬蹄凍搭小黃瓜泡菜

材料一

花生	……………………………	100g
豬腿	……………………………	1 支
香菜	……………………………	1/2t
胡綏籽	……………………………	1/2t
黑胡椒	……………………………	1/4t
胡蘿蔔	……………………………	1/2 根
芹菜	……………………………	2 根
洋蔥	……………………………	1/2 顆
蔥	……………………………	2 根
薑	……………………………	7 片
蒜	……………………………	3 瓣
鹽	……………………………	適量

材料二

洋菜粉	……………………………	2g
水	……………………………	適量

材料三

小黃瓜	……………………………	50g
番茄	……………………………	半顆
糖	……………………………	2t
醋	……………………………	1t

作法

step1. 豬腿切成段，將材料一煮軟後加入適量的鹽。

step2. 取出煮好的豬腿，去除骨頭並切碎，加入花生及少許湯汁。

step3. 材料二在洋菜粉中加入適量的水，煮滾後與切碎的豬腿入模放冷藏，
　　　　至結成果凍狀後切成四方形或長方形。

step4. 材料三小黃瓜和番茄切成片，並以糖、醋拌勻，和豬蹄凍搭配食用。

🍲 貼心小祕訣：
豬腿煮到軟中帶 Q 口感更好。

小花蛋糕

材料

栗南瓜·····60g	低筋麵粉·····170g
奶油起司·····40g	泡打粉·····4g
紅糖·····30g	肉桂粉·····1g
蛋·····120g	油·····160cc
糖·····70g	
鹽·····1g	**諾迪威模具** NO.59448

作法

step1. 將栗南瓜蒸熟。

step2. 將奶油起司、紅糖、栗南瓜拌勻備用。

step3. 再將蛋、糖打至微發。

step4. 加入過篩的低筋麵粉、鹽、泡打粉、肉桂粉。

step5. 慢慢加入油。

step6. 拌入 step3，倒入模具一半後，接著放入少許備用的 step2，再灌滿麵糊。

入烤箱以 170/160 度烤 35 ～ 45 分鐘即可。

南瓜塔

材料一

奶油····················120g
糖······················50g
蛋······················40g
奶粉·····················1T
低筋麵粉·················200g

材料二

裝飾用南瓜片·············適量
南瓜····················400g
糖·····················100g
全蛋····················2 顆
蛋黃····················1 顆
動物性鮮奶油·············100cc
肉桂粉···················1/2t

諾迪威模具 NO.44342

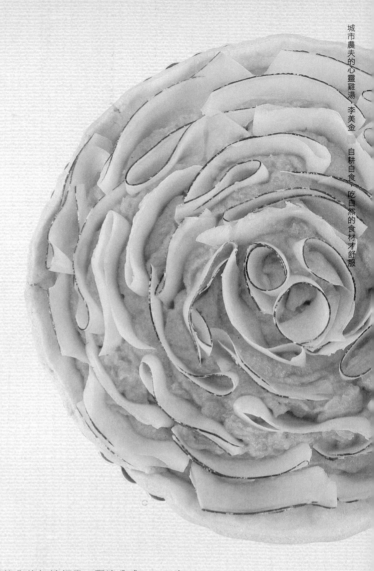

作法

step1. 將南瓜蒸熟。

step2. 先將材料一的奶油置於室溫下軟化後加糖打發，蛋液分成 2～3 次加入拌勻，再加入奶粉拌勻。

step3. 加入過篩的低筋麵粉拌成麵糰，放入冰箱冷藏 30～60 分鐘。

step4. 取出麵糰後，桿開成約 25～30 公分的圓形塔皮，放入模具，入烤箱以 180 度先烤 15～20 分鐘後取出備用。

step5. 將材料二中的南瓜先入烤箱以 180 度烤 30～40 分鐘烤熟，放涼取出果肉備用。

step6. 將熟南瓜肉加糖拌勻，再加入蛋黃、全蛋拌勻；加入動物性鮮奶油、肉桂粉拌勻。

step7. 將拌好的南瓜餡擠入半熟的塔皮中，再用南瓜片裝飾，入烤箱以 180 度烤 20～25 分鐘即可。

在孩子心中
撒下食農教育的種子。

「半農半 X 是一個很好的方式，農使你貼近自然，
X 是使命。」————— 黎旭瀛

淡水幸福農莊的主人。19 歲從日本來臺就讀高雄醫學院的黎旭瀛，曾因熱愛音樂
和友人合組「紅螞蟻合唱團」，褪去明星光環後，成為醫療靈魂之窗的醫生，又
因女兒的那場病，讓他成為半專職農夫。黎醫生說：「醫學應向農業學習，農業
應效法大自然」，期許自己成為「農醫」，從自然農法學習真正的預防醫學。
（黎旭瀛是秀明農法的實踐者，相關農法請參照—第 230 頁）

白蘿蔔

空心菜

萵苣

四季豆

花生

秋

紅蘿蔔

辣椒

地瓜田

香椿

蜜

洛神

我的幸福農莊

地瓜葉

紅鳳菜

當土壤是健康的，
它就能提供給作物該有的養分。

幸福農莊

大屯溪自然農法教育農莊（幸福農莊），
是黎旭瀛及陳惠雯夫妻從 2001 年開始經營。
農莊種植及販售之作物
包含水稻及上百種雜糧，
全部採用秀明自然農法，
並有依時令規劃的農事學習
及體驗套裝行程，
也可加入農莊會員而享有更多優惠。

山藥

甜薯

莧菜

芥菜

幸福來自甜蜜的負荷

順著「幸福農莊」四個大字的綠色招牌往馬路外俯瞰，在一片樹與草的綠意環抱中，我們看到一幢紅色主屋。循著略微陡峭的階梯往下走朝主屋前進，還沒抵達就聽到孩子的嬉鬧聲，接著映入眼簾的是成群孩童跑進跑出的熱鬧景象，雖然尚未見到主人，但這景象已讓內心泛起一股甜甜的幸福感。不一會兒，黎旭瀛醫師便過來招呼我們。

黎醫師兩鬢微微發白，用披在頸背上的毛巾拭去臉上汗水，露出一張深邃有型的輪廓及散發成熟魅力的笑容。他告訴我們，這是農莊的夏令營活動，一週一個梯次，讓孩童來體驗農事，進行食農教育。雖然現場有家人及農友協助照顧，但黎醫師言談時，眼神仍不時飄向一旁玩耍的孩童，情緒也隨之微微起伏，毫不掩飾他心頭上甜蜜的負荷。

🏠 淡水幸福農莊

📍 新北市淡水區屯山里番社前 11 號

📞 02-28762882

投入秀明農法的契機

黎旭瀛及妻子陳惠雯目前有五個小孩，今年到 MIHO 美學院的孩子有兩個了，分別是高一和國一，而連同附近的 MIHO 美術館，均由日本的神慈秀明會所創建。兩人當初便是因為神慈秀明會倡導的秀明自然農法而相識、結褵，很早就開始小規模自耕自食，但始終為了生計而難以知行合一。直到大女兒的異位性皮膚炎，以自然農法種植的食材進行食療後不藥而癒，才終於下定決心以秀明自然農法為中心來生活。

帶著小農夫親近大自然，享受臺灣這塊大地之母帶給我們最天然的禮物。

2001年，兩人租下在三芝、淡水交界處的這塊地，開始經營農莊，並施行秀明自然農法的無肥料栽培耕作方式到現在。憑藉本身開源節流及各方熱心協助下，農莊面積從起初的七分半拓增至二甲三左右，而黎醫師去眼科醫院看診的時間也縮減至一週兩天，其餘時間全與妻子投入農耕及推廣。至今已十四個年頭，如今成為全臺近四十戶秀明農法的農友中，北部地區最具知名度及號召力的推廣力量。

食農教育從小做起

黎醫師坦言，這些來體驗活動的男女老幼，可能仍屬純粹消費者的角色居多，他也不期望農莊活動能直接促成採用自然農法的農夫及田地增加，但他仍促成了一些改變。黎醫師說，秋冬是紅蘿蔔產季，但很多小朋友是不太愛吃的，不過有許多來體驗的小孩吃過農莊的紅蘿蔔後，便開始願意吃紅蘿蔔了。家長很高興，回去買了市面上的紅蘿蔔給孩子，沒想到卻又不吃了。問為什麼，孩子說「有藥味」。

「知道玉米怎麼長的，爆米花怎麼來的，體驗過田土與田水，或許回家照樣打電動，但這些體驗會像種子一樣，在孩子身上留下一些什麼。因為推廣自然農法，就是希望有更多農夫採用，可是農夫種出來的作物一定要有人吃，所以我覺得食農教育是最重要的，讓越多人願意吃自然農法的食物，進一步促使更多農夫投入自然農法，才會產生一個良性循環。」黎醫師意味深長地看著四周喧鬧的孩童，向我們解釋食農教育的重要性。

這些孩子一個個戴著小斗笠，一早在菜園裡學習如何採收，接著魚貫地走上田埂，在主屋前的溪流中清洗手腳，然後迫不及待地回到主屋，圍在餐桌前聽黎醫師耐心地說明這些食材特性，講解完畢便著手料理。

剛採收下的秋葵，
唯有親自烹調、
親自品嚐，
之後，
才能了解
自然食材的好。

◀ 黎旭瀛的菜園

1 - 洋蔥
2 - 破布子處理過程
3 - 秋葵
4 - 玉米
5 - 發芽的種子
6 - 破布子

用半農半 X 貼近自然及土地

空檔之餘，問及從農建議時，黎醫師說半農半
X 是一個很好的方式。生活中，工作的部分是
X、是使命，另一部分是務農，使你貼近自然、
貼近土地。他們就是從半農半 X 開始，一步一
步投入農耕。而回首從農的人生轉變，「現在
再叫我去辦公室，週一到週五，吹著冷氣，有
人覺得輕鬆，不用曬太陽，可是我沒辦法。因
為了解到土地的溫暖及水的冰涼後，就覺得，
如果要在缺少這些的都市裡生活，就沒辦法
了。」說完，便繼續指導小朋友料理相關知識。

望向農莊裡直勾勾地盯著食材的天真雙眼，令
人心生羨慕。想起黎醫師的妻子陳惠雯在 2006
年出版《我的幸福農莊》一書中寫到：「如果
人們追求物質，是為了得到幸福。那麼，我很
想問問，你幸福嗎？當我站在田裡，望著在田
埂上赤足奔跑的孩子，我難掩心中的幸福。」

川燙秋葵

材料

水	500cc
秋葵	200g
鹽麴	少許
有碎冰的冰水	500cc

 貼心小祕訣：

在水中加入鹽麴，可以讓秋葵
有味道並維持原本翠綠顏色。

將秋葵橫切厚片，與蛋汁
打勻煎蛋，不僅能降低黏
稠感，秋葵的橫切面成星
星狀，最能吸引孩子。

作法

step1. 將秋葵洗乾淨，並切除 1/3 的蒂頭。

step2. 水滾後放入些許鹽麴及秋葵，清燙約 3 分鐘後撈出馬上過冰水。

step3. 冰鎮時間約 5 分鐘，再將秋葵撈出、瀝乾，視個人口味，可以再沾些許鹽
麴食用。

什錦蔬菜濃湯

材料

洋蔥·····························50g
蘑菇·····························50g
紅蘿蔔·····························50g
秋葵·····························50g
馬鈴薯·····························200g
水或高湯·····················600cc
牛奶·····························200cc
奶油·····························30g
鹽·····························適量
胡椒·····························適量

作法

step1. 將所有蔬菜切丁，秋葵斜切成片。
step2. 熱鍋後倒入奶油，再將所有蔬菜一起放入
　　　炒香。
step3. 於鍋中倒入水或高湯，以小火煮約10分鐘。
step4. 倒入牛奶與適量的鹽、胡椒調味，再用小
　　　火煮滾，即可食用。

 貼心小祕訣：

膳食纖維的確能夠幫助控制血糖，但秋葵泡水能
喝到的膳食纖維有限，控制血糖必須監控總醣量
的攝取及養成良好生活習慣。

破布子鹹魚肉餅

材料

豬絞肉	250g
雞肝	50g
蒜	20g
鹹魚	50g
破布子	30g
蛋	1 顆
水（外鍋）	1 杯

* 杯為洗米杯

🍲 貼心小祕訣：
若不想在食用時吃到破布子的籽，可在料理前先行去除。

作法

step1. 將雞肝、蒜切碎，鹹魚切末，加入豬絞肉、破布子拌勻後裝入凹盤，中間打上雞蛋。

step2. 將材料盤放入電鍋，外鍋加水蒸熟即可。

玉米球三兄弟

材料一
棒棒糖烤盤與竹籤

材料二

雞蛋	100g
牛奶	40cc
酵母	1t
糖	30g
含鹽奶油	60g
中筋麵粉	70g

材料三

肉鬆	1T
玉米	1T
海苔	適量

材料四

芝麻	1T
玉米	2T
起司片	適量

材料五

玉米	1T
綜合堅果	1T
巧克力片	適量

作法

step1. 含鹽奶油先退冰融化。依序加入雞蛋、牛奶、酵母、糖、奶油拌勻，再加入麵粉混合均勻成麵糊。

step2. 將麵糊裝入烤盤約 7 分滿，分別放入各色材料後，再加上少許麵糊。

step3. 蓋上烤盤，入烤箱以 200 度全火烤 16 分鐘。

step4. 取出後串上竹籤，材料三的海苔片於此時串上。再放上材料四的起司片、材料五的巧克力片，利用烤箱餘溫讓起司片和巧克力片融化即可。

 貼心小祕訣：
烤盤先刷上融化的奶油，蛋糕烤好時才不會黏住無法取出。

玫瑰土鳳梨酥

材料一

糖粉	50g
奶油	80g
全蛋	30g
蛋黃	1 顆
奶粉	1T
低筋麵粉	150g
玫瑰花瓣	1T

材料二

土鳳梨餡	300g
玫瑰花粉	1T
蔓越莓乾	40g
玫瑰花醬	1T

諾迪威模具 NO.58548

作法

step1. 先用材料一製作餅皮。將奶油放在室溫下使其軟化，加入糖粉打到微發，再加入奶粉拌勻。

step2. 之後加入蛋黃拌勻，將全蛋分兩次加入並拌勻，再放入玫瑰花瓣拌勻。

step3. 低筋麵粉過篩後也加入拌勻，將餅皮放入冰箱冷藏 1 小時。

step4. 接下來用材料二製作餡料。土鳳梨餡加入玫瑰花粉揉勻後，再加入切碎的蔓越莓乾及玫瑰花醬揉勻。

step5. 將餅皮從冰箱取出，餅皮和餡料均分為 17g 為一份，包成糰後壓入模具。

step6. 入烤箱以 180 度烤約 15 ～ 20 分鐘，脫模即完成。

繽紛圓點瑞士卷

材料一

蛋黃······6 顆
糖······20g
沙拉油······45cc
牛奶······60cc
低筋麵粉······90g
玉米粉······15g

材料三

可可粉······10g
蛋黃糊······1T
蛋白······5 顆
糖······90g

材料二

蛋白······1 顆
糖······15g
蛋黃糊······1T
天然食材萃取色素······ 數種

材料四

鮮奶油······200cc
香蕉······2 根

諾迪威模具 NO.42228

作法

step1. 將蛋黃與蛋白分開，蛋黃打散。

step2. 先將材料一的蛋黃與糖拌勻，依序加入沙拉油與牛奶拌勻，低筋麵粉與玉米粉過篩後加入拌勻備用。

step3. 將材料二的蛋白打發，再加入糖打發至勾起材料 3 ～ 4 公分可以保持形狀的狀態 。

step4. 將材料二的蛋黃糊依準備好的色素數量分成數份，各自加入不同色素拌勻後，再分別加入剛才打發的蛋白中拌勻為彩繪麵糊。

step5. 烤箱預熱 180 度，在烤盤上鋪上烘焙紙。

step6. 將彩繪麵糊擠在烤盤上，以 180 度烤 60 秒。

step7. 將材料三的可可粉過篩後，加入蛋黃糊中拌勻後備用。

step8. 材料三的蛋白打發後，糖分 2 次加入打發至勾起材料 3 ～ 4 公分其尖端呈彎曲狀、盆內材料呈流動狀即可 。

step9. 先取 1/3 調好可可粉的蛋黃糊拌入材料一，再將剩下 2/3 的蛋黃糊加入拌勻，倒入剛才的烤盤上抹平，入烤箱以 180 度烤約 18 ～ 20 分鐘。

step10. 打發鮮奶油並塗抹在蛋糕體上，再將蛋糕體捲起，即成瑞士卷。

富而有德，眾望所盼。

「與萬物和平共存，才是真正的天然。」

———— 吳慶鐘

宜蘭紀元農莊的主人。從成功的商人到研究有成的農夫，吳慶鐘在人生的
最高點跌倒，那時，他喪失了健康，疑惑人生的意義，於是，他在低處重
燃生命的熱情，藉由耕作的過程尋回最初繫念的生命價值。
（吳慶鐘是友善農耕的實踐者，相關農法請參照－第 228 頁）

一粒米一世界

生態的多樣性，包涵、容忍、和諧，
生物相的平衡才是農業永續的理由。

紀元農莊位在三星鄉人和社區，
除了販售花卉及一般有機蔬果外，
招牌農產品為通過
MOA 有機認證的「富德米」，
以及使用自家栽種之黑豆及紫米
製成的「富德手工醬油」。
農莊同時也經營休閒民宿，
提供協力車、農事體驗 DIY、
代辦烤肉等服務。

有機黑豆

有機水果玉米

有機地瓜

高麗菜

跟著吳班長一起
「蔥滿銀兩，梨好田」

「這裡為什麼叫人和社區？我為什麼要來這裡？因為這裡真的是人和。」目前擔任產銷班班長的吳慶鐘告訴我們，有年他人在國外而無法採收花卉，結果人和村的鄰居及農民得知後，主動組一個班，幫他完成全部的採收、打包及整理出貨，然後把賣完的錢交給他。

吳慶鐘對三星鄉人和村的濃厚人情味揪感心，所以當前幾年農地重劃後，村民之間的聯繫似乎受土地切割影響而不再如以往熱絡時，吳慶鐘也挺身而出，把大家集結起來，透過「蔥滿銀兩，梨好田」的一連串農村活動，大力推廣在地特色農產品如三星蔥、銀柳、上將梨、稻米等，無償協助政府與社區振興地方農業，並使得村民間的感情更加緊密。

🏠 紀元農莊

📍 宜蘭縣三星鄉堤防路 5-1 號

📞 03-9895009

提到農村再生，他正色道：「讓年輕人願意留在農村，不只是讓農村經濟更活絡，更有朝氣，而且還是國安問題啊！」試想，若沒有年輕人願意投入農耕，造成農業人力的青黃不接，對一個曾經以農為本的國家來說，這是個很嚴肅的課題。

目前吳慶鐘在人和社區經營一家紀元農莊兼休閒民宿，農產品及服務均有口皆碑。務農十餘年來因為熱心公益及能力有目共睹，自從民國 92 年第一次當選產銷班班長後，便連任至今，成為大家口中萬年的「吳班長」。不過，這位吳班長當初的從農轉折可比種田技術還令人嘖嘖稱奇。

三傷老父心，散盡家財終找回真我

吳慶鐘回憶道，這輩子傷了父親三次心。第一次是高中成績優異的吳慶鐘，是鄰里、師長、家人眼中最有可能擠入大學窄門的希望寄託，孰料當了拒絕聯考的小子，從此只有高中學歷。第二次是拒絕聯考後為了安慰父親，不期不待地去報考有「金飯碗」之稱、錄取名額極少的農會公職，結果金榜題名但選擇放棄。第三次則說來話長，也最讓父親傷心，就是選擇了和父親一樣的職業—農夫。

吳慶鐘高中畢業後一年就做起飲料生意，25 歲便賺到第一桶金，可謂少年得

志。他形容自己經商的感覺是「如魚得水，很享受啊，但也有點兒迷失了」。直到 31 歲那年因長期勞累，罹患坐骨神經痛，除了耗費大量的時間及金錢求診，也才迫使他停下腳步開始省思自己的人生，並投入心靈與心理的領域，最終修練出自己的一套哲學與信仰。

「有了信仰之後，才真正找到跟自然、跟自己、跟生命的關係。」吳慶鐘說，大病之後的修練過程，他將財產幾乎歸零，坐骨神經痛也不藥而癒，至今從未復發，而務農的念頭也就是在這時自然地萌生。有點諷刺的是，父親是一輩子

吳慶鐘的火龍果園，如同其從無到有的人生路，正是一片欣欣向榮！

務農的標準老農，由於看父親種田實在太苦了，從小被迫熟悉農事的吳慶鐘，小時候最大的願望就是不要當農夫！

「怎麼會不傷心？好不容易有一個小孩在地方上可以光宗耀祖、事業人人稱羨，而且那個年代裡，種田是被認為最低賤的工作，沒出脫的人才去作的啊！」所以在事業有成之際，斷然放棄一切還步上父親後塵，可想見這第三次的人生決定何其重大。不過吳慶鐘說：「怎麼說……好像我早就知道要種田了。」他用一種見山又是山的淡定笑容說著。

心技合一的健康王道

吳慶鐘證明了，種田不只靠體力，也要靠頭腦。他以商人的洞見經營農業，用科學的態度學習種植，務農以來，他在農業相關的比賽中獲獎無數，農莊的農產品也幾乎在收成前便被認購一空。「現在很多有機認證，或講無毒，但吃了對人『健康』嗎？我想了很久，覺得健康是最重要的。」他的研究精神及自我要求在言談間表露無遺。

一口青蔥的滋味，
一世人為農村
再生的付出。

◀ 吳慶鐘的菜園

1 - 地瓜
2 - 富德米
3 - 富德米
4 - 芭樂
5 - 絲瓜
6 - 火龍果、桑椹、竹筍、鵝蛋

因此農莊招牌產品「富德米」採用好友陳政庸
所研發的獨門技術─「菌相管理滿足栽培法」，
此法主要是利用微生物改善土壤，用有機肥活
化土地，讓環境生態、作物成長、消費者的飲
食都達到他心目中的「健康」。即使品質完全
有條件做高檔行銷，但他偏反其道而行，主動
調降末端售價，寧可犧牲利潤回饋給吃米的
人，要說富德米是「憨人米」也不為過啊！對
富德米引以為傲的吳慶鐘自嘲，對兒子「置入
性行銷」很多年，希望他有朝一日能接班務農。
可惜時間所限，故事只能就此打住，他又得
去忙社區活動的事情。那無法清閒的能者多勞
樣，果然是富而有德，眾望所盼啊！

青蔥美乃滋拌竹筍

材料一
蔥尾⋯⋯⋯⋯⋯⋯⋯⋯⋯⋯少許
薄荷葉⋯⋯⋯⋯⋯⋯⋯⋯⋯7 片
九層塔葉⋯⋯⋯⋯⋯⋯⋯⋯10 片
花生⋯⋯⋯⋯⋯⋯⋯⋯⋯⋯15 顆
鹽⋯⋯⋯⋯⋯⋯⋯⋯⋯1/4t 的 1/2
美乃滋⋯⋯⋯⋯⋯⋯⋯⋯⋯100g
醋⋯⋯⋯⋯⋯⋯⋯⋯⋯⋯⋯⋯1t

材料二
綠竹筍⋯⋯⋯⋯⋯⋯⋯⋯⋯ 2 支

 貼心小祕訣：

綠竹筍一定要帶殼煮，等煮好
放涼再去殼，味道更鮮甜。

作法
step1. 將材料一的蔥尾、薄荷葉、九層塔葉切末，花生炒好切碎，與鹽、美乃滋、
醋一同拌勻。

step2. 將材料二水煮撈起放涼後切塊，置於盤中，再淋上材料一即可。

紫米紅豆粥

材料

紅豆······························200g
紫米······························75g
水 (內鍋)······················3 杯
水 (外鍋)······················2 杯
黑糖······························適量
* 杯為洗米杯

作法

step1. 將紅豆及紫米洗淨加水浸泡 3 ～ 4 小
　　　時 (隔夜亦可)。

step2. 將浸泡的水倒掉後再加入 3 杯水。

step3. 放進電鍋，外鍋加 1 杯水，跳起後燜
　　　20 分，外鍋再加 1 杯水，跳起後再燜
　　　20 分 (第二次加蒸煮時，內鍋若水份
　　　過少，可再加水讓紅豆都浸泡到，否
　　　則若較大顆的紅豆沒泡到水，口感會
　　　不夠綿密)。

step4. 加入黑糖，放涼即可食用 (熱食亦可)。

🍲 **貼心小祕訣：**
此作法較濃稠、湯汁較少，放涼後可用夾鍊袋分裝
冷凍，要吃的時候放冷藏或室溫回溫後即可食用！

洛神梨子米布丁

材料一
米	100g
香草	1/2t
牛奶	400cc
糖	40g
水	150cc

材料二
洛神花乾	70g
水	120cc
梨子	150g
白酒	2t
糖	40g
二砂	1t

材料三
肉桂粉	適量

貼心小祕訣：
煮材料二的果粒時，糖量可依個人喜好調整，糖量少相對的會更凸顯洛神花乾的酸味。

作法
step1. 米先泡過水，再將材料一煮至熟軟。

step2. 再將材料二煮至熟軟。

step3. 將煮好的材料一取適量放入小容器中，再取煮好的材料二放在上面，撒上肉桂粉即可。

培根青蔥卷

材料一

青蔥⋯⋯⋯⋯⋯⋯⋯⋯⋯⋯⋯適量
豬培根⋯⋯⋯⋯⋯⋯⋯⋯⋯4 片
鹽⋯⋯⋯⋯⋯⋯⋯⋯⋯⋯⋯⋯少許

材料二

竹籤⋯⋯⋯⋯⋯⋯⋯⋯⋯⋯ 4 枝

 貼心小祕訣：

簡單下飯，帶便當也適合，
青蔥也可換成當令蔬菜。

作法

step1. 將青蔥洗淨切段。

step2. 用培根把蔥捲起來，並以竹籤固定。

step3. 灑上少許鹽，放入平底鍋以中小火煎至培根呈現香脆的顏色即可。

布朗尼蛋糕

材料一

奶油	120g
可可粉	60g
蘭姆酒	15cc
蛋	3 顆
糖	20g
低筋麵粉	120g
動物性鮮奶油	75cc
碎核桃	60g

材料二

苦甜巧克力磚	100g
各式堅果、糖果	適量

諾迪威模具 NO.84624

作法

step1. 將蛋黃與蛋白分開,麵粉過篩備用。

step2. 融化奶油為液狀,加入可可粉拌勻後,再加入蘭姆酒拌勻備用。

step3. 在蛋黃中加入糖打到呈現淡黃色備用。

step4. 將蛋白打至起泡後,再加糖打發至蛋白霜勾起 3 ～ 4 公分可以保持形狀的狀態。

step5. 將 step2 的可可糊加入 step3 的蛋黃糊中拌勻,再加入 1/3 step4 的蛋白拌勻,最後加入剩下 2/3 的蛋白拌勻。

step6. 加入過篩的麵粉拌勻後,再加入動物性鮮奶油拌勻,最後加入碎核桃拌勻。

step7. 將麵糊倒入模型中,入烤箱以 180 度烤約 30 分鐘取出放涼。

step8. 烤箱不用預熱,杏仁果以 130 度烤 15 ～ 20 分鐘,核桃以 150 度烤 10 分鐘後,放涼備用。

step9. 將巧克力磚融化淋在放涼的布朗尼蛋糕上,再以各式堅果、糖果裝飾。

火車噗噗

材料一

奶油	225g
糖粉	225g
蛋	225g
低筋麵粉	250g
桂花釀	20g
動物鮮奶油	50cc
杏仁粉	33g
碎堅果	100g

材料二

蛋白霜	5g
水	30cc
糖粉	150g
各式糖果、軟糖、果乾	適量
天然食材萃取色素	數種

諾迪威模具 NO.59048

作法

step1. 先將材料一的奶油、糖粉打發。

step2. 慢慢加入蛋液和桂花釀。

step3. 加入一半過篩的低筋麵粉拌勻。

step4. 加入一半動物鮮奶油拌勻。

step5. 把剩下的低筋麵粉、動物鮮奶油、杏仁粉加入拌勻。

step6. 拌入碎堅果，入烤箱以 170/160 度烤 35 ～ 45 分鐘。

step7. 再利用材料二製作糖霜裝飾。將蛋白霜加水打發，慢慢加入糖粉後拌勻即可分成數份，自由搭配色素調色。最後以各式糖果、軟糖、果乾裝飾火車。

以自然為師，與萬物共學。

「地球上真正的生產者是那一片葉子，自然
農法只是學習尊重生產者的過程。」

———— 吳水雲

花蓮光合作用農場主人。26歲時，最愛的爺爺過世，自己到美國剃度出家，
之後再到尼泊爾學習佛法，直至36歲，回到花蓮，在自己的土地上修行。
原本想開座講堂，宣揚佛法，但在蓋起房子的同時，開始種植各種作物，以
BD農法成為踐行者，體悟到大自然就是座無形的道場。
（吳水雲是生機互動農法的實踐者，相關農法請參照—第234頁）

人對了，田裡作物就是品質的保證

培養好的土壤沒有捷徑，
耐心、愛心與實踐，
還有對大自然的敬畏！

荷花池

莧菜　蒿苣

高麗菜

芥藍菜

光合作用農場位於花蓮壽豐鄉的木瓜溪畔，
目前為已通過 DEMETER 認證的 BD 農場。
農場販售四季蔬果、雜糧、窯烤麵包及
稻米「悠仁米」，
農場的食堂也提供簡餐、咖啡、花草茶等，
除了可直接聯絡訂購外，也在每週六的花
蓮好事集及部分花蓮農會超市銷售。
農場並承接預約的參訪活動及農事體驗。

認證又認人的最高品質

在農場大門張望,還沒找到哪兒寫著「光合作用農場」的招牌,就先看到了門柱上掛著寫有醒目英文的牌子,「這是我們今年剛通過的 DEMETER 認證標誌。」農場主人吳水雲跟我們解釋,之前仍是轉型期,今年則正式拿到認證。

若對 DEMETER 認證有一定的認識,就曉得能通過認證,即代表無可挑剔的最高品質。不但從生產、加工到包裝,整套流程均須遵循 BD 農法之外,且要通過澳洲 BDRI 每年派人檢驗一次的綜合認證程序。BD 農法比絕大部分有機農業的觀念還先進、層次更高,要落實並不容易,而 DEMETER 整體品管要求也遠超過各國政府的相關規定,所以連一向對農產品嚴格把關的歐盟,也對 DEMETER 認證充分信賴,凡貼有其認證標誌的產品均可在歐盟各國自由販售,享有免檢驗的禮遇。

🏠 光合作用農場
📍 花蓮縣壽豐鄉志學村忠孝 1-30 號
📞 0919126090

以光合作用農場來説，吳水雲在 2009 年開始接觸學習 BD 農法，至今才終於取得認證。想到這裡，忍不住好奇，到底是什麼原因促使吳水雲採用這套相當「龜毛」的生產流程？

「一開始只是自己家裡要吃，用一般自然農法摸索比較沒有系統。有了小孩以後，開始接觸到人智學跟 BD 農法，就慢慢轉型了。」BD 農耕對土壤結構的形成、作物形態、BD 農夫對 BD 農法操作的熟悉度特別要求，證書是跟著 BD 農夫的，若該農夫離開農場，證書即不具效力。

以人為本，與自然共生共榮

利用訪談空檔，吳水雲協助其他來農場共食的友人及華德福家長分工處理食材或照看孩子，一起為午餐做準備。食材是農場自行栽種或家長帶來分享的，大人們在一旁有説有笑地備餐，孩子們也邊聞著廚房傳來的陣陣香氣，邊互相追逐玩耍。但最引人注意的是孩子們都光著腳丫子。

「是啊！他們從小就很習慣赤腳，不怕踩泥土。」吳水雲見怪不怪地説。他簡單説明華德福這個親近自然、重視創造力、強調孩子學習節奏以及重視藝術陶冶的教育體系後，詳加闡述 BD 農法的

這片沃土，正準備迎接下一次的豐收。

精神及操作細節。簡言之，這是一種注重日月星辰的天體運行、人地與節氣的變化來耕作，而且注入大量人文關懷，追求與自然共生共榮的生活。事實上，光合作用農場經營出一定的名聲後，就像是散發出強大吸引力的星體，農場參訪活動及農法推廣課程絡繹不絕。最早在花蓮紮根的吳水雲還跟陸續移居花蓮的五戶家庭，形成「小村六戶」的奇妙團體，他們的共同點是—重視生活大於金錢，並對土地與人有著一份熱愛及友善。六戶人家這幾年互相支持，營造出豐富的生活方式。

雖然無法馬上心領神會農法理論，不過聽著吳水雲述說從農的歷程，看著眼前這群有志一同的人彼此分享、料理親手種出來的作物，那純樸平靜的融洽氣氛實實在在地沁入心坎，身處此境的我們好像也體悟了一些無法言傳的東西。

1

2

DEMETER ®
bio-dynamic
CERTIFIED PRODUCE
GROWN HERE
demeter.org.au

3

4

5

6

手掬一抔土，
感受大地賦予
食材生命的能量。

真的會「光合作用」的農場

跟著吳水雲的腳步，從園區用來淨化水源的生態池開始，實地繞農場一圈。當初吳水雲自行以怪手開闢水路，靠著高低差將奇萊山流下來的水一路引至菜園及溫室，完全不用幫浦。放眼望去，農場外圍種滿各式各樣的高聳樹木，平常除了具有觀賞的價值外，到冬季則是能阻擋東北季風的防風林。雖然這會兒還沒看到農作物，但透過農場的設計便能感受到農場主人順應自然、豐富生態的規劃，聽說連西伯利亞雁鴨都會來這兒落腳。

到了菜園及溫室，他的第一件事便是用草叉插入畦溝的土，翻掘幾處的土給我們看，並把土塊隨手一捏：「你看，從表土到深處都一樣，全都是團粒結構。」他自豪的說，然後指著作物，興奮地像是第一次看到似地描述葉子的顏色、莖的直立性等。這些都是 BD 農法對於土壤改良及作物生長的顯著特徵，只是當親眼看到那葉片綠色之光亮，接著親手掬起一把散發著大地天然香氣的土壤，那種充滿生命力與原始能量的感覺，實在難以筆墨形容啊！

伴隨吳水雲的述說，似乎也慢慢地感應到了四周植物與土中微生物共生共息的蓬勃生機，慢慢體會到這些訊息的我們，突然就這麼理解了「生機互動」的意涵。

紫米粥

材料一

糯米或白米 ····················· 2 杯
紫米 ···························· 1 杯
水 (內鍋) ····················· 3 杯
水 (外鍋) ····················· 2 杯

* 杯為洗米杯

材料二

二砂 ··························· 適量

貼心小祕訣：
紫米不要洗太多次，養分會流失，
可加入牛奶增加味道層次。

作法

step1. 前一晚將材料一洗淨浸泡至隔天早晨。
step2. 用電鍋將材料一蒸熟後，加入材料二拌勻，再蒸一次即可。

海苔飯糰

材料

白米	2 杯
海鹽	少許
海苔	3 片

* 杯為洗米杯

作法

step1. 白米煮成飯之後，撒上少許海鹽拌勻。

step2. 將飯糰捏成三角形，再用海苔包裹即可。

🍲 貼心小祕訣：

亦可加入餡料，最常見的有鮪魚、鮭魚、炸蝦等。

蔬菜咖哩

材料一

花生油	30cc
奶油	30g
洋蔥	150g
薑	7g
大蒜	15g

材料二

茭白筍	50g
粉豆	50g
鹽	2t
黑糖	1T
大辣椒	1 條
熟鹹蛋黃	1 顆
熟鹹蛋白	1 顆
紅蘿蔔	100g
香菜籽	1t
小茴香	1/2
咖哩粉	3T
番茄	150g
南瓜	150g
馬鈴薯	150g
水	500cc

作法

step1. 將材料一的洋蔥、薑、大蒜剁成泥,材料二的茭
白筍、紅蘿蔔、番茄切塊,南瓜、馬鈴薯切片,
分離鹹蛋的蛋白和蛋黃。

step2. 熱鍋後下材料一爆炒。

step3. 再依序加入材料二的大辣椒、熟鹹蛋黃、胡蘿蔔、
香菜籽、小茴香、咖哩粉、番茄、南瓜、熟鹹蛋
白、水、馬鈴薯,煮至紅蘿蔔用湯匙切得斷即可。

step4. 最後加入材料二的茭白筍、粉豆、鹽、黑糖煮熟
即完成。

 貼心小祕訣:煮好的咖哩過6小時後再加熱,味道更濃郁。

番茄炒蛋

材料

小番茄	20 顆
雞蛋或鴨蛋	3 顆
鹽	1t
蔥	1 根

 貼心小祕訣：
所有步驟盡量快速，以免食材
炒得過乾。

作法

step1. 將蔥切段，番茄切對半。

step2. 將蛋打勻後下鍋炒至六、七分熟後起鍋。

step3. 蔥爆香，加入番茄炒出汁液，再加入蛋拌勻，最後加入鹽調味即可起鍋。

鮮蝦海鮮披薩

材料一

番茄醬……………………300g
蒜……………………………4 粒
洋蔥…………………………半顆
番茄…………………………2 顆
水…………………………約 120cc
義大利香料…………………2t
黑胡椒……………………少許
鹽…………………………少許

材料二

中筋麵粉……………………180g
酵母粉………………………1/2t
鹽……………………………1/8t
糖……………………………1.5t
水……………………………120cc
奶油…………………………15g
披薩醬………………………80g

乳酪絲………………………100g
蝦仁…………………………適量
蟹肉棒………………………適量
紫洋蔥………………………適量
青花椰菜……………………數朵

諾迪威模具 NO.46722

作法

step1. 先用材料一製作披薩醬。將番茄在滾水中燙過，然後取出去皮。

step2. 將蒜、洋蔥、去皮番茄放入果汁機中打成糊。

step3. 倒入小鍋中再加入番茄醬、香料、黑胡椒、水，用中火煮開，改小火再煮 15 ～ 20 分鐘至濃稠狀即可。

step4. 用材料二製作鮮蝦海鮮披薩。將麵粉、酵母粉、鹽、糖水（將糖溶於水中）放入盆中用桿麵棍拌勻，揉成光滑的麵糰。

step5. 先將麵糰摔出筋，在鋼盆內抹上份量外的油後，放入麵糰，將麵糰放在溫度約 35 度處發酵 40 分鐘。

step6. 剝開蟹肉棒，並將紫洋蔥切絲。

step7. 將麵糰滾圓後放置 10 ～ 20 分鐘使其鬆弛，再用桿麵棍桿成 10 寸圓形放入烤盤，接著塗上披薩醬、灑上乳酪絲，再加上蝦仁、蟹肉棒、紫洋蔥、青花椰菜等餡料，最後再灑上一層乳酪絲，入烤箱以 200 度烤 15 ～ 20 分鐘即可。

法式培根蘑菇派

材料一

鹽	1/8t
水	40cc
低筋麵粉	90g
奶油	60g

材料二

紫洋蔥	50g
番茄	50g
蘑菇	50g
蘆筍	50g
培根	2 片
乳酪絲	40 ～ 50g

材料三

蛋	1 顆
牛奶	60cc
動物性鮮奶油	60cc
鹽	1/4t
黑胡椒粉	少許

諾迪威模具 NO.44342

作法

step1. 用材料一製作派皮。將鹽加到水裡溶解。

step2. 將冰奶油放到低筋麵粉裡切成小丁狀，先加入 1/2 的鹽水拌勻，再將剩下的鹽水加入，拌勻麵糰。

step3. 將麵糰三折三次，做出富有層次的酥脆口感，包好放入冰箱鬆弛 20 分鐘。

step4. 用材料二製作內餡。將紫洋蔥切絲，番茄、蘑菇切片，蘆筍切長段，培根切成長絲。

step5. 培根放入乾鍋中煎出油後取出，再將紫洋蔥入鍋炒香，接著放入蘆筍炒到約半熟，再將番茄加入拌炒一下即可起鍋，放涼備用。

step6. 取一小盆，加入材料三的蛋、牛奶及動物性鮮奶油拌勻，最後加入鹽、黑胡椒粉調味完成蛋奶汁。

step7. 將麵糰揉成 4 公釐厚的圓形放入模型中，先放回冰箱冷藏 20 分鐘鬆弛。

step8. 在放好派皮的模型中加入內餡料及乳酪絲，再將煮好的蛋奶汁加入，表面放上部分餡料裝飾。入烤箱，放中下層以 200 度烤約 15 ～ 20 分鐘即可。

未來農業的新希望，
生機互動活力農耕。

「一切都要有心，不是為了自己，是為了世界。」

———— 黃田環

馬來西亞金馬倫高原和平農場主人。1999年畢業於馬來西亞大學物理系，曾在馬來西亞拉曼學院擔任三年講師，也在馬來西亞生命線協會任輔導員一職。2006年，他創辦了有機農場—和平農場（Terra Farm）。兩年後，開始學習實施活力農耕。他也親自搭建樹屋，供來訪者靜心享受天然氣息。
（黃田環是生機互動農法的實踐者，相關農法請參照—第234頁）

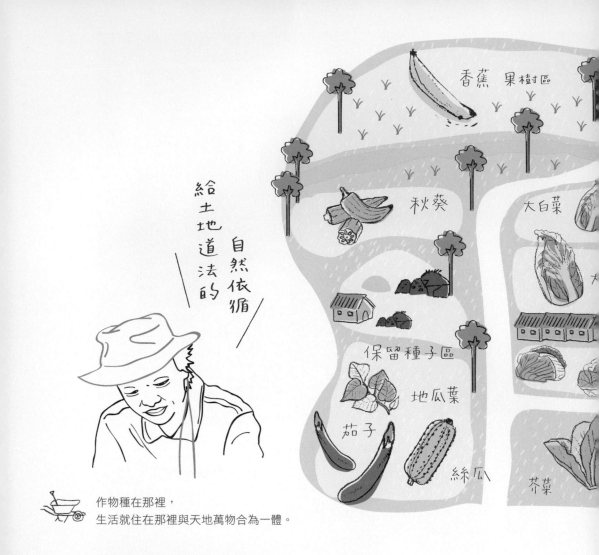

給土地道法的
自然依循

作物種在那裡，
生活就住在那裡與天地萬物合為一體。

黃田環及何婉菁夫妻所經營的和平農場，
地處臨近金馬崙、位於吉蘭丹的羅京高原，
農場作物均採行 BD 農法，
大馬目前有超過四十個配菜站
可直接取得新鮮直採的農場作物。
營收來源尚包括黃田環及原住民以人力自行
搭建而成的樹屋入住服務。

蒿芑

高麗菜

地瓜葉

大馬第一的和平農場

透過網路與麥克風和大海另一端的黃田環對談時，他斬釘截鐵地向我們推薦：「花蓮那個農場種的米是我吃過最好吃的啦！」他口中的「那個農場」，其實是指由吳水雲所經營、全臺唯一獲得澳洲 BD 農法認證的光合作用農場。

黃田環在馬來西亞經營的和平農場亦採用 BD 農法，但因地處金馬崙高原，不易開墾來種植水稻。不過他的太太何婉菁不死心，2014 年利用原住民友人提供的稀有米種試種旱稻，收成後還土法煉鋼地脫殼。在千辛萬苦地吃到僅此一碗自家栽種的米飯後，興奮地在和平農場的臉書粉絲頁上和粉絲們分享這份滿足及喜悅。

🏠 和平農場

📍 Jalan Sungai Mansion, Brinchang, Pahang, Cameron Highlands, Malaysia

✉ lvdawn1014@gmail.com

雖然在種稻方面是新手，黃田環的和平農場已營運近十年，開墾初期採用一般自然有機農法，兩年半後開始實行標準更高的 BD 農法至今。和平農場將六英畝面積中，近九成的收成採取「菜箱計劃」配送至檳州、怡保、雪蘭莪、吉隆坡、馬六甲、柔佛等地指定的配菜站，讓消費者能直接取得裝著農場蔬果的「Organic Box」，其食材品質及送菜範圍均堪稱大馬第一。幾年前更在另一個新農場打造了樹屋，希望都市人直接親近大自然，切身體驗住在原始森林裡的氛圍，近年農場更已成為造訪金馬崙高原的遊客必訪之地。

百苦嚐盡甘自來

聽黃田環說起農場開墾初期的回憶，一路磕磕絆絆，歷盡艱辛。

「以前作有機只是很表面的理解，而且狀況不太穩定，有時候根本看不明白病蟲害的真正原因，只是單純模仿大自然的運作方式，但無法理解讓植物健康的真正原理⋯⋯」他說，雖然不斷嘗試土壤改良，仍難以達到心中的成效，直到接觸 BD 農法後，才有了紮實的觀念及理論，一掃以往霧裡看花的聽天由命感。

充滿朝氣的菜園，正是下一代擁有安全飲食的契機。

除了種植技術曾遭遇瓶頸，以務農方式
維持家計更是吃足苦頭。主要是在行
銷上，作物的銷售利潤被中間商過度稀
釋，直到實行「菜箱計畫」，完全自產
自銷後才轉虧為盈。

至於務農時勞動的辛苦當然不在話下。
一般無農藥、無化肥及無除草劑所帶來
的高人力需求外，夫妻倆在金馬崙高原
上四處尋求乾淨的土地，終於在離大馬
路四公里的偏僻山區覓得並承租下來。
早期對外的道路狀況相當差，不但窄小
顛簸，還滿佈坑洞、處處泥濘，資材運
送車程都要半小時以上，而且中途會經
過三條河，若遇上大雨導致河面暴漲，
就必須等待水退了才能繼續前進，這種
道路狀況持續三年後另開闢一條路，並
且在今年與鄰近幾位農夫一起合作砸下
一筆錢修路後才開始好轉。

不過種種辛苦最後都化為農夫的驕傲與
消費者的口福。一問市場反應，黃田環
難掩竊喜地說，曾有個老顧客因訂購差
錯，只好先去其他店面買有機蔬菜吃，
結果發現味道怎麼跟和平農場的差那麼
多！「客人跟我們說：『糟了，從此我
們再也離不開你們的菜了！』」他說完，
大概是覺得自己在老王賣瓜，又不好意
思地笑了起來。

提供人們最好的
食物，為孩子許
下最美好的未來。

◀ 黃田環的菜園

1 - 皺葉萵苣
2 - 小白菜
3 - 黑土：經活力農耕農法培養後
　　　　目前的土壤狀況
　　　紅土：原本的土壤狀況
4 - 自然建築－樹屋
5 - 農場裡的小羊
6 - 和平農場菜箱－紅蘿蔔、玉米、
　　油麥菜、菜心、花椰菜、豌豆苗、
　　秋葵、四季豆、卷心萵苣

為了孩子，為了地球

原本在拉曼學院教書的黃田環，放棄教職、全力投入和平農場的務農初衷很單純，就只是希望孩子未來能吃到健康的食物。農場名中的「和平」一詞來自何婉菁對世界和平的期許，而英文 Terra Farm 的 Terra（拉丁文的地球之意）則象徵著「這不是個人的農場，而是屬於地球的農場」之意。

2014 年，黃田環迎來了第七個小孩，後面四個孩子都是自行接生的。他笑著説：「自耕自食後，自己的孩子自己接生好像也很自然啊！」，而且每個孩子都沒有看過西醫，也從未打過針、吃過任何抗生素或西藥。

同年他受邀至 Tedx 演講大會分享和平農場的經驗及理念，大馬政府也在這年開始大力取締金馬崙非法農園，黃田環義不容辭地接下農民臨時成立的金馬崙農業協會主席一職，並積極協助農民與政府對話協商。

「這一切都要有心，不是為了自己，是為了世界，要提供最好的食物，還要讓這個世界的環境變得更好。」聽著他的述説，令人對能源逐漸枯竭的未來，重新燃起了一線希望。

蔗香茄子

材料

茄子	數條
薑	少許
蒜	少許
小紅蔥	少許
醬油	少許
有機竹蔗原蜜	少許

 貼心小祕訣：
有機竹蔗原蜜是有機紅竹蔗榨汁後
慢火熬成高濃度的蔗蜜。

作法

step1. 將茄子切塊，蒜切末，薑、小紅蔥切絲。

step2. 熱鍋後倒入油，油炸茄子後備用。

step3. 爆香薑片、蒜頭和小紅蔥。

step4. 將炸好的茄子倒入鍋中，淋上醬油和有機竹蔗原蜜。稍微拌勻翻炒，讓茄子吸收一些醬料即可。

甘香南瓜

材料

南瓜…………………………… 1 顆
洋蔥…………………………… 半顆
乾辣椒………………………… 數條
咖哩葉………………………… 數片
水……………………………… 適量
海鹽…………………………… 少許

作法

step1. 將南瓜切塊，洋蔥切碎，
　　　　乾辣椒切段。

step2. 將洋蔥爆香。

step3. 加入南瓜、水及海鹽，將
　　　　南瓜燜熟。

step4. 最後加入辣椒乾、咖哩葉，
　　　　待水份收乾後熄火。

 貼心小祕訣：

水份收乾後才熄火，南瓜才會更香甜，而加入的
水份則視南瓜本身的含水量而定。一般南瓜含水
量少，較結實，需加的水較多。南瓜本身滋味非
常豐富甜美，只需加入天然海鹽增添風味即可。

農夫的心靈雞湯，黃田環，未來農莊商事業之天生機互動活力農耕

新鮮番茄醬

材料

橄欖油	100cc
番茄	2kg
洋蔥	2 粒
糖	1t
油	少許
醬油	少許
混合香料	1t
海鹽	少許

 貼心小祕訣:

若需裝瓶,先將玻璃瓶洗淨,放入大鍋子蒸幾分鐘,晾乾後再使用。

作法

step1. 將洋蔥切末,番茄切塊。

step2. 用橄欖油炒洋蔥,加入番茄,煮至濃稠。

step3. 最後加入混合香料(羅勒、奧勒岡、百里香、歐當歸、白芝麻)和海鹽。

番茄醬豆腐

材料

豆腐 ······························ 4 塊
自製番茄醬 ···················· 100cc
鮑魚菇和蘑菇 ·················· 80g

作法

step1. 將豆腐切丁，鮑魚菇、蘑菇切塊。
step2. 熱鍋後倒入番茄醬煮熱，加入鮑
　　　　魚菇、蘑菇和豆腐拌炒即可。

 貼心小祕訣：

番茄醬煮得愈濃稠則味道愈香，建議不
要蓋鍋蓋，水份蒸發愈多則愈濃稠。

一定有一種人生，
能在忙碌工作中慢下腳步，
在都市喧囂中覓得平靜，
為自己闢一畝心田，
就從灑下種子開始。

Chapter 2
社區大學樂活有機農耕 / 食養老師

———

Community College LOHAS Organic Agriculture / Dietary Teacher

07

08

07

一心一意活出自己，
減法人生更見豐饒。

「人與自然一脫節，
連怎麼在天地之間呼吸都會忘記，
而不知道怎麼活出自己來。」———— 白一心

現職是臺北市信義、中山、大安社大農耕講師，曾獲得「臺北市優良社區大
學教師獎」，在農場實作、屋頂菜園及藥草野菜等累積多年經驗。前後在高
中社團、社區課程、有機通路等擔任農耕講師，亦於《花草遊戲》雜誌進行
專欄寫作，同時在臉書分享友善農耕的理念與方法。
（白一心是友善農耕的實踐者，相關農法請參照─第 228 頁）

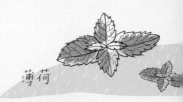

薄荷

紫蘇

先友善人事物

友善土地前

醡醬草

珠蔥

高麗菜

紫背

空心菜

南瓜

車前草

當自己放下聰明和自以為是的時候，
原來「種下的不是菜苗，而是心中的那點善念」

教學農場位在
臺北信義社區大學的體育館頂樓，
目前實際種植使用面積約七十坪，
配合社大的農耕課程及
香草課程等教學運作，
由學生自耕自食，
以種植當季蔬菜及香草植物為主等。
有興趣參觀者，
可向信義社大預約參訪行程。

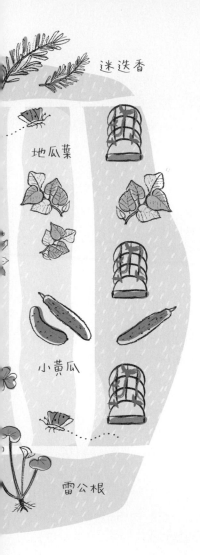

迷迭香

地瓜葉

小黃瓜

雷公根

都市叢中一點綠

在屋頂菜園四處繞看，正忘情於取景拍攝的時候，白一心似乎看到了什麼而特別呼喊著我們：「不要踩到那個土喔！記得到田裡不要踩菜畦。菜畦這個堆高的土丘是植物的床。如果別人到你家隨意踩你的床，你高不高興？」「不高興～」大家不約而同齊聲回答，當時光景，彷彿都回歸成未經世事的學童。

白一心就是有這種魔力，敘事有趣又邏輯清楚，常透過生動的比喻，深入淺出地分享他的經驗及體悟。聽君一席話，即使內容可能已為人周知，仍能從分享中拾得一種學習的樂趣而在心頭迴盪不已。不過以前的他從來沒有想過要當老師，即便帶我們來到這方友善園地，身為信義社區大學老師的他所管理的屋頂菜園。

🏠 信義社區大學屋頂菜園

📍 臺北市信義區松仁路 158 巷 1 號

📞 02-87897318#102

這六年多來，白一心藉著這都市叢林中的一方綠地，向許多學員傳達了友善農耕的知識、理念和方法，包括屋頂環境的變化，也被當作珍貴的生態教材。原本屋頂在一開始是設計成花園的，但是大自然有它的想法與選擇，加上管理的人力不足，幾年後整個空間就雜草叢生。三年前，社大校方考慮犁平原先的花園區再重新種植花草，經過了綠活課程老師們的評估討論，白一心和陸莉娟、李嘉梅等老師們有了新的想法：「一塊土地要能夠變成這樣，有它的自然生態，以及四季不同的草相分佈並不容易，而且可以讓學員們學著結合自然與農耕上的利用，有留下來的價值。」

自然本無事，庸人自擾之

「留下一大片的雜草有什麼價值呢？」看到大家略顯困惑，白一心馬上用風趣的比喻來講解雜草故事：「夏季最怕什麼？最怕老天爺的激情和無情！熱情的太陽和狂烈的颱風，都是老天爺派來的使者，告訴我們要好好保護表土，不要以為我們不喜歡的雜草就是壞東西，只要在這土地上好好生長，每個生命都會有保護土地的效果。只要表土不裸露，陽光就能儘量被植物吸收利用，土壤也不會散失水分，便能減少澆灌及水分浪費。即使沒有種植作物也不要讓土表裸露，一直重複割草覆蓋，土壤可以累積有機質、養分及微生物，下一期的作物就有適合生長的條件。」

從這片屋頂菜園環顧四周，視野開闊，四周林立著高矮不一的平宅及豪宅，還可眺望不遠處的象山。當初這裡是由光寶文教基金會的施立民副校長主導，錫瑠基金會與陳琦俊老師所規劃建置的「薄層綠屋頂」，利用信義國中大禮堂頂樓約兩百坪的空間，中央大部分面積做成空中花園，兩側各有四個菜畦，一側是教學區，一側是志工區。陳琦俊老師任命白一心為第一任園長，那時他才學了農耕一年的時間。

信義社大的屋頂菜園，在這一方小天地裡，孕育著無數友善農耕的種子，也期待更多人的加入。

奇怪，聽他如此淺顯易懂又理所當然的論調，卻與一般農業的傳統説法有些不同，初次接觸友善農耕的我們面面相覷，反而陷入更多更深的疑問之中。

對白一心而言，不用農藥及化肥還不算有機，一般有機標準距離他的友善耕作理想還有段落差。他解釋，一般慣行農法甚至有機農法，多以收穫及利潤為目的，種出來的作物果實乍看甜美而碩大，然事實上植株未必真正健康，營養也未必適合人類，「從來都是『人』自己造成的問題居多！」比如把病蟲害當敵人，把不認識、不需要的植物一律當雜草，想方設法地用對抗的方式進行經濟種植，這些以一己主觀為取捨的做法，只是自外於自然，難怪會與大自然漸行漸遠，而讓人愈變愈怪。

我們愈聽愈是興致盎然，於是他應觀眾要求，開始講起古來，把農法發展史簡單介紹一番，並從自然農法的觀念帶出現代人的種種困境，還有與大自然脫節後人類生存的核心價值是如何逐漸錯亂，以及隨之出現的許多社會問題……。

友善對待這
片土地，大
自然亦會反
饋以健康、
營養的食材。

◀ 白一心的菜園

1 - 木瓜
2 - 採收天然食材
3 - 蒜頭
4 - 收集乾燥的落葉、毬果、花朵
5 - 百香果與檸檬

減法人生，找回初心

白一心從小身子較差，所以從大學時期就對中醫等養生知識多有涉獵，理工科系的訓練使他養成除了觀察和研究之外，更有實驗和打破砂鍋的精神。所以在農耕班才學習一年，便被陳琦俊老師選出來當助教，也開始在一些社區課程、高中社團等講課，第三年就成為獨當一面的社大老師，前年還在信義社大的舉薦下獲選為臺北市社區大學的優良教師。不過他謙虛地說：「陳老師教導我，友善農耕的真正學習對象是大自然，老師只是指向月亮的那手指而已。種植也許有季節的區隔，但友善的種子會一直地延續下去。」

最後我們提到未來，他對自己的期許也跟友善農耕有某種契合，都是要去除不必要的累積，回歸本然，進入一種減法的人生階段。他用一貫幽默而充滿想法的口吻告訴我們，一個人要求自己最重要的三件事—「讓自己快樂，讓別人快樂，不要忘記自己的初心。」原來，這便是他的友善，也是我們在屋頂菜園所感受到的熱忱。

涼拌青木瓜絲

材料

青木瓜	1 顆
鹽	少許
花生	適量
茴香葉	少許
魚露	適量
烏醋	適量
橄欖油	適量
二砂糖	適量
檸檬	適量
鳳梨鼠尾草	少許

 貼心小祕訣：

青木瓜絲較韌不易和其他食材相結合，所以要先加一點點鹽，在大碗（木碗更佳）中揉捻 5 分鐘使其軟化，再拌入其他材料與調料，才易附著、入味。

不敢吃魚露的人可以不加，調味比例依個人喜好斟酌。

可不加糖，少量的糖可以提味，不加糖可以添加其他甘味，如甜菊葉等。

最後混合時不必揉壓，可放入塑膠袋或盒中搖晃後，再放 5 分鐘使其均勻入味。

作法

step1. 將青木瓜刨絲，花生搗碎，檸檬擠汁。

step2. 青木瓜加鹽在大碗中揉捻，再加入花生碎粒攪拌。最後加入茴香葉和魚露、檸檬汁、烏醋、橄欖油、二砂糖混合均勻，擺盤時放入鳳梨鼠尾草的花與葉裝飾即可。

薄荷煎蛋

材料

薄荷葉·····························100g
雞蛋·····························5 顆
鹽·····························少許

作法

step1. 將薄荷葉洗淨，去雜質，過
一下沸水備用。

step2. 將雞蛋打入碗中，攪成蛋液，
加入少許鹽與切碎的薄荷葉
攪打均勻。

step3. 在鍋裡倒進化生油，燒熱，
將攪好的雞蛋薄荷麵糊倒進
鍋內，煎至兩面呈現金黃色
即可食用。

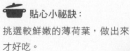 貼心小祕訣：
挑選較鮮嫩的薄荷葉，做出來
才好吃。

麻辣茄子肉夾

材料一
豬絞肉	200g
胡椒	1/4t
鹽	1t
長茄子	2 條

材料二
大豆油	1t
蒜	10g
大辣椒	2 根
薑	10g
胡椒	1/2t
花椒粉	1t
乾辣椒油	1t
甜椒	60g
番茄	120g
番茄醬	2T
鹽	1.5t

材料三
蔥花	少許
香菜	少許

作法

step1. 將材料一的豬絞肉和胡椒、鹽拌勻，長茄子切片，再將拌好的豬絞肉夾入。

step2. 將材料二的蒜、大辣椒、薑切碎，甜椒、番茄切丁。

step3. 先製作醬料，不熱鍋，依續加入材料二的大豆油、蒜、大辣椒、薑炒香，再加入
胡椒、花椒粉、乾辣椒油。之後加入甜椒、番茄炒軟，再加入番茄醬、鹽。

Step4. 材料一炸至鮮紫色瀝去油，放入醬料，小火煮 2 分鐘，撒上切好的材料三即可。

🍲 貼心小祕訣：
茄子橫切時不完全切開。

秋葵三明治

材料一

秋葵	60g
洋蔥	40g
豬絞肉	300g
土司碎粉	30g
牛奶	2t
蛋	1 顆
鹽	1/2t
黑胡椒	1/4t

材料二

土司	適量
番茄	適量
起司片	適量

作法

step1. 將材料一的秋葵切段，洋蔥切碎，和其他材料一起拌勻，入煎鍋煎至微焦黃色。

step2. 取材料二的番茄切片。先取土司一片，放上切片番茄、起司片，以及煎好的材料一，再放上一片土司即可。

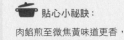 貼心小祕訣：

肉餡煎至微焦黃味道更香，
三明治趁熱吃最好吃。

花圃起司辣椒餅乾

材料

奶油·························· 200g

糖粉·························· 160g

蛋····························· 80g

低筋麵粉····················· 370g

起司粉······················· 150g

杏仁粉························· 44g

鹽····························· 2g

辣椒粉························· 6g

諾迪威模具 NO.01225

作法

step1. 首先將奶油和糖粉拌勻。

step2. 將蛋打成蛋液，慢慢加入蛋。

step3. 加入過篩的低筋麵粉、起司粉、杏仁粉、鹽、辣椒粉。

step4. 將麵團放入冰箱冷藏醒麵 30 分鐘以上，就可以拿出來壓模。入烤箱以 160/150 度烤 30 ～ 40 分鐘即可。

巧克力蛋糕棒棒糖

材料

蛋	1 顆
糖	50g
牛奶	16cc
杏仁露	1/2t
香草精	1/2t
鹽	少許
低筋麵粉	57g
可可粉	10g
泡打粉	2g
奶油	67g

諾迪威模具 NO.43609、N0.43622

作法

step1. 烤箱預熱 170 度，用置於室溫的份量外奶油塗在模具周圍，並灑上少許份量外麵粉在兩片烤模內側。

step2. 將蛋、糖拌勻。

step3. 加入牛奶、杏仁露、香草精拌均勻。

step4. 加入過篩的鹽、低筋麵粉、可可粉、泡打粉拌均勻。

step5. 再加入融化奶油拌勻，完成麵糊。

step6. 將麵糊倒入模具中（沒洞口的那一片），均勻撫平；再將另一側蓋上，扣緊扣環入烤箱以 170/170 度烤 20～30 分鐘。

step7. 出爐後稍稍冷卻 2～3 分鐘，把蛋糕從烤盤中取出，再放置在烘培專用鐵架上完全冷卻。

step8. 最後再以各式巧克力搭配堅果，包裹在蛋糕棒棒糖外層。

透過農耕與食療，
重拾健康人生！

「 是大自然在照顧我們，
只要用友善的方式跟大自然互動的話。」

─────── 謝無愁

大安社大（開平校區）及信義社大「中醫觀人術」課程講師、廣
興教學農場健康營養諮詢及園長。四川成都中醫藥大學中醫專業、
中華科技大學生物科技系畢業，中國高級營養師執照。專長為中
醫養生、食療、友善農耕，認為世界上最好的仙丹妙藥，是每個
人都擁有的免疫系統，而養生之道，就是了解免疫系統正常運作
的方法。

（謝無愁是友善農耕的實踐者，相關農法請參照—第 228 頁）

大自然是最好的養心場

佛手瓜

百香果

紅藜 結頭菜 芹菜 黑葉白菜 聖女番茄 白蘿蔔 馬鈴薯 高麗

糯玉米 甜菜根 黃花芥藍 山芹菜 蔥 紅蘿蔔
香菜

草莓 樹葡萄

配合二十四節氣的作息，
找出屬於自己養生的「配方」來。

生態農場對每一位來訪者來說
不是要來得到什麼，
而是
讓自己有機會融入大自然的一種體驗，
知道食物如何從土壤中生長出來，
也要知道我們的生命與大自然
是無法分離的──身土不二。

青花椰

茼蒿

葉萵苣

鬢蒿

白花椰

發掘食物祕密的現代俠女

群山環伺下，在這片矗立著零星高聳的檳榔樹，間或綴有兩三間低矮平房及若干棚架的綠地上，悠然走出身著黑色勁裝、靛藍太極褲、腰束一條鮮紅束帶，活脫脫的一位現代俠女的緩步身影。望著這幅光景，任誰都會好奇眼前來者何人。

「看來這輩子，我會需要不斷地向人解釋的就是我的名字。」這位化外高人在臉書上令人莞爾的抱怨其來有自，因她的芳名就叫─謝無愁，一個武俠小説才會出現的名字，然而是由雙親所取，且從未改過。

帶我們前往菜畦間的謝無愁，除了本身的農事工作外，在信義社大及大安社大均有開課。她同時也經營臉書社團「食物的祕密」，希望大家藉由食物來認識自己的身體，從食物中感受到生命的美好並與生命對話。是一位親身實踐自然農法，從泥巴到嘴巴，一路積極推廣的老師。

🏠 新店廣興有機市民農園

📍 新北市新店區廣興路 57 號附近

📞 02-29106666

「現在直接拔給你們吃喔！？敢生吃的話，才知道玉米是什麼味道。市售的玉米吃起來都只有纖維，吃不出玉米味道。真的完全用自然農法栽種長出來的，是可以生吃的！沒有人工授粉，穗很飽滿，非常嫩……」謝無愁滔滔不絕地講述現採生吃的優點，鼓勵大家現場立即享用，並簡單講解玉米的生長及授粉常識，趁勢機會教育。大伙兒把玉米粒剝下來放入嘴裡，沒一會兒紛紛驚呼喊甜，她聽到只笑笑的看著我們，似乎覺得這樣的反應早在意料之中。

從泥巴到嘴巴，身心健康不求人

會這麼強調並力行自然農法，主要是從她的中醫背景而來。謝無愁曾於成都中醫藥大學修習中醫十年有餘，取得營養師執照。開始修習後，她反而認為儘管食物對症狀改良的效果不快，但副作用極少，又能透過料理增添美味，於是開始切入食療路線。加上大陸進口中藥材的農藥和重金屬汙染疑慮，也迫使她思考一般食材是否也有相同問題。最後，謝無愁決定從生產及環境端親自把關。在我們面前侃侃而談的謝無愁，自己正是最佳的例子，她在三十四歲時罹患子宮肌瘤，然後藉由自耕自食及飲食調養才恢復健康。

這一片農園，不僅提供了自耕自食的養份，亦是撫慰心靈的道場。

「自己會種菜以後，我就知道當令當季的菜是哪些，像一年四季都看得到的高麗菜，會等到九月、十月以後的產期才吃，反過來，冬天不吃小黃瓜或空心菜，因為這都是春、夏季作物。吃著自然的食物，被植物的作息影響，身體也會回到自然的步調，恢復本來的自癒能力，就算生病，也會有應對的代謝或營養攝取方式。」謝無愁一邊說，一邊繼續熱心地介紹菜園裡的各種作物，以及從中醫角度的食材料理方式。但話鋒一轉，她認為食療終究也只是階段性的改善，都市人為生計奔波的壓力所造成的情緒影響，才是大多現代健康問題的原因所在。

她親眼所見，很多社大學員接觸農耕後，心情便自然平靜下來，各種不適的症狀也改善了。她說：「投入自然農法後，收穫最多的反而是精神層次的回饋……像我在農場的時候，生活很簡單，物質需求降到很低，不會有不安全感。都市人最大的恐懼是生存，怕失業，但就如一粒稻穀種下去，長出來的稻穗上有一、兩百顆稻穀，它是翻百倍給你的，所以不用擔心大自然會匱乏……雖然好像是我們在照顧作物，但其實是大自然在照顧我們，只要用友善的方式跟它互動的話。」

在正確的時候，
吃正確的食材，
健康生活
就是這麼簡單。

◀ 謝無愁的菜園

1 - 瓜棚
2 - 絲瓜花
3 - 絲瓜
4 - 茄子
5 - 農場一角
6 - 玉米

「武農合一」終不悔

在夏日樹蔭下，謝無愁盤腿坐下，穿過枝葉縫
隙的光斑落在她身上，隨著談話主題一陣一陣
地在她身上搖曳著。談著植物的種法、食材的
料理，談著現代人的困境及從農建議，談著將
來想要像湯姆克魯斯主演的電影《末代武士》
中除了農事，也帶入氣功、射箭等身體鍛鍊活
動，建立「武農合一」的村落，談著她的伴侶
陳琦俊於生前及病逝前後給她的影響……。她
說：「我的伴侶因生病往生，他生前很有想法，
想累積對後代好的理念，卻也真的只留下理
念，物質是人離開以後帶不走的部分，現代人
汲汲營營想追求的物質生活，卻換不到內心的
平靜與自在。他給我很大的啟發，我如果持續
推廣，可能在這輩子也達不到那個目標，但是
後面一定會有人繼續往下走。希望在有生之年
能夠在這個地方，將理念傳承下去。」雖然無
法揣測那失去知己之痛，但相信她的「武農合
一」有一天會建立起來。

起身互相告辭後，她的身影很快地又隱入這一
片綠意之中。若要對她的農耕理念稍作個總
結，我想是「此中有真意，欲辯已忘言」。

薑絲炒絲瓜

材料

絲瓜⋯⋯⋯⋯⋯⋯⋯⋯⋯ 1 條
薑⋯⋯⋯⋯⋯⋯⋯⋯⋯⋯ 適量
水⋯⋯⋯⋯⋯⋯⋯⋯⋯⋯ 適量
胡麻油⋯⋯⋯⋯⋯⋯⋯⋯ 少許
鹽⋯⋯⋯⋯⋯⋯⋯⋯⋯⋯ 少許

 貼心小祕訣：
　　起鍋前再加入鹽，可避免絲瓜心變黑色。

作法

step1. 把薑切絲，絲瓜去皮後切片。

step2. 將冷水倒入鍋中，再倒入少許胡麻油，煮至水面冒煙時，放入薑絲拌炒。

step3. 薑絲出味後再放入絲瓜拌炒，待絲瓜心的部位呈透明時放入鹽調味，即可起鍋盛盤。

小米糙米粥

材料

糙米或胚芽米 ·················· 300g

小米 ···························· 150g

水（內鍋）·················· 2500cc

水（外鍋）··················· 800cc

作法

將米和水置於電鍋中煮，待電鍋跳起，再燜半小時即可。

 貼心小祕訣：

糙米不易熟，加熱後可在電鍋中保溫 30 分鐘。

糙米屬於溫性，小米屬於涼性，二者搭配時可以中和彼此的偏性。

小米微澀，具有收斂脾陽和補腎氣的作用，幫助改善體內水濕的作用。

兒童在成長發育期間常吃小米粥可以促進成長。

山藥牛蒡香菇湯

材料

山藥	半條
牛蒡	1 條
腰果	適量
香菇	3 ～ 4 朵
鹽	適量

作法

step1. 將香菇切片，山藥、牛蒡切塊。

step2. 將所有食材一起放入鍋裡水煮。

step3. 水滾後加入適量的鹽，再以小火煮半小時即完成。

 貼心小祕訣：

根莖類在熬煮時，加上腰果不但可以增添風味，還可以補腎。

清炒紫地瓜葉

材料

紫地瓜葉⋯⋯⋯⋯⋯⋯⋯⋯1 把
水⋯⋯⋯⋯⋯⋯⋯⋯⋯⋯ 少許
油⋯⋯⋯⋯⋯⋯⋯⋯⋯⋯ 少許
鹽⋯⋯⋯⋯⋯⋯⋯⋯⋯⋯ 少許
辣椒⋯⋯⋯⋯⋯⋯⋯⋯⋯ 少許

作法

step1. 將紫地瓜葉切成適當長度，辣椒切段。
step2. 在鍋中先加入水，水滾後再加入少許油。
step3. 接著放入紫地瓜葉炒至熟，最後再加上鹽
和辣椒提味。

🍲 貼心小祕訣：

清炒蔬菜時，先以水煮再放油烹煮，蔬菜的
養分較不易流失。

留一方園地，
種一把好菜，
為心找到安身處，
期許未來的世代，
自給自足 永續生活。

Chapter 3
食養生活美學家

Dietary Life Esthetician

09

為一顆心找回安身之處。

「懂得自然，懂得生活，就一定懂得如何
工作。」———— 劉美霞

晨捷生活農場主人、晨捷文化事業股份有限公司創辦人。一年中有一
半的時間花在研究食物、釀造食物，養生療癒並廣結善緣。人生哲學
是：「懂得自然、懂得過生活的人，一定懂得如何工作」。

手搓洗蘿蔔

蘿蔔田

我的蘿蔔
教我的道理

蘿蔔在缸裡整齊排著,
弄到半夜也不累,
借物體會應該是初心。

晨捷生活農場位在桃園龍潭,
占地約六千坪。
銷售有以蘿蔔為主的醃製品,
也提供當季農場作物或契作作物的料理,
亦可自行準備食材交由農場料理,
一餐平均價格為 600 元以下,採預約制。
另可租借農場舉辦婚禮或其他活動。

曬蘿蔔乾

甕醃製蘿蔔

蘿蔔乾不只是蘿蔔乾

劉美霞是從印刷業起家,在土城經營一家老字號的晨捷印刷廠。嫁為人婦後,特別買了十幾本食譜下苦功學作菜,只求當個稱職媳婦,「傳統女性都這樣啦!」劉美霞一邊切菜一邊告訴我們。她因為體質差,很早就開始研究食療,甚至邀請我們帶身體微恙的家人來和她聊聊,也許可以為我們提出飲食改善的建議。二十餘年累積下來的功力可見一斑!

劉美霞一邊游刃有餘地處理食材,一邊和我們介紹整面牆壁架上裝在瓶瓶罐罐內的醃漬食品,有自採橄欖釀的酵素,還有梅子、蘿蔔乾等。她特別說明:「蘿蔔是解性食物,在醃的時候要注意怎樣保有原來的特性。一甕一甕醃漬發酵,養成,再曬乾,最少差不多八個月至十個月的工序。」

🏠 晨捷生活農場

📍 桃園縣龍潭鄉民治十六街 87 巷 49 弄 71 號

📞 0921092117

農場中各式的醃漬產品，皆是這群天使們的辛苦結晶。

整牆的蘿蔔乾是我們今天參訪的晨捷生活農場中，一個銷售主力產品。劉美霞經營農場近十年，固定向契作農民收購自然農法種植的蘿蔔，一整年約製作達十萬斤的蘿蔔乾。對於契作的種種品質要求，除了她本身對於食材的堅持，還包含著深刻溫暖的心意。農場官網上蘿蔔乾的心情故事，有著令人動容的描述：「十斤蘿蔔曬乾成一斤，市面上的蘿蔔乾要如何買得下去。這幾年抱著支持農民的心態，就這樣一頭熱到底，總覺得很多食物，農民賺得是甚麼？」

說起來，無論是蘿蔔乾還是印刷廠，劉美霞都秉持著同樣的心在經營事業及人生。

喜憨兒的夢工廠

舉凡去過晨捷印刷廠的人，印象都會非常深刻，因為入口處全種滿了樹，平常經過根本不會發現這裡是印刷廠，而且印刷廠三樓是一座上百坪的屋頂花園，處處繁花香草、林蔭扶疏，還有青菜、果樹、涼亭小徑，成為員工午休時抒壓的好去處，更是劉美霞工作空檔，與自然對話的秘密花園。這一切都來自她對於植物生長的觀察，並相信自然與人之間，存在著一種和諧的定律，因而發願建造。

更特別的是，廠內員工有多達二十幾位是喜憨兒或是智能障礙者。主要是在一場因緣際會下，某位少年法庭的觀護人，問她能不能幫忙觀護一些孩子，也因此更加了解這群孩子的特性。在劉美霞眼中，他們經常帶給周遭滿滿的歡笑，像是天使，更是幫助她心靈成長的菩薩。

提到印刷廠，劉美霞自豪地告訴我們，她曾參與社區許多藝文活動，廣結人緣，在土城很少有人不認識她。而且她今年才幫遠流承製了一本總榜冠軍的暢銷書《祕密花園》，這讓大家在等待開飯前的空檔，興奮地聊了好一會兒關於那本書的話題。

永遠的心靈花園

2006 年，劉美霞更進一步拿出存款，在桃園龍潭買下一塊六千多坪的地，一邊持續經營印刷廠，一邊靠著個人力量打造出我們今日品嚐她廚藝所在的晨捷生活農場。

農場採無菜單料理的預約制，多以無肉的蔬食料理為主。除了預約，劉美霞也常常主動邀請好友來「共食」，各自準備好食材，或現煮隔壁鄰居送的菜，串串門子，聚一聚、談談心。

劉美霞與大自然對話的祕密花園。

在為天使們建立
的永續國度，
廚娘的精心料理
溫暖眾人的心。

◀ 劉美霞的農場

1 - 跟小農買的蔬果
　　（馬鈴薯、番茄、南瓜、青花椰、澎湖絲瓜）
2 - 自架苦瓜棚種苦瓜
3 - 跟小農買的薑與馬鈴薯
4 - 料理不可缺的各式生辣椒
5 - 農場門口前，現烤原味麵包出爐看板

看著她那充滿福氣、令人忘憂的笑容，還有建
築物四周瀰漫芬多精的一片蓊鬱，著實令人難
以想像農場開墾之初的箇中辛酸，「……買下
龍潭這塊土地，當簽約完成時手臂很酸，內在
的壓力讓我覺得自己生病了，一再告訴自己沒
什好怕，反正是走生態，不會太費事……」劉
美霞在農場官網上一字一句描述了當時的心理
壓力。而她忍受這一切隔行如隔山所帶來的艱
辛，全是為了讓她的喜憨兒孩子們未來有一塊
自給自足的永續生活環境。

屋外那棵姿態優雅的大榕樹上傳來陣陣高聲蟬
鳴聲之際，期待已久的廚娘料理也大功告成。
開飯！

豆腐南薑香椿

材料

豆腐	2 塊
薑	少許
乾香椿	少許
醬油膏	適量
辣椒	適量
水	適量

 貼心小祕訣：
豆腐是如素不可或缺的食物，
香椿曬乾弄碎是這道菜的重點。

作法

step1. 把薑切末，乾香椿弄碎，豆腐切塊，辣椒切段。

step2. 先爆香薑末、乾香椿，然後加入豆腐。

step3. 水份收乾後，再加入醬油膏和水，以小火煮熟，起鍋前加辣椒調味。

小椒豆腐荸薺盅

材料一
小椒·····························數條

材料二
板豆腐·························1 塊
荸薺···························數個
鹽·····························少許
醬油···························少許
胡椒···························少許
蓮藕粉·························少許

材料三
辣椒···························少許
橘子醬汁·······················適量

作法
step1. 將小椒去籽洗乾淨，荸薺拍碎切丁。

step2. 板豆腐壓乾後加入荸薺、鹽、醬油、胡椒、蓮藕粉充分拌勻。

step3. 將 step2 放入小椒裡蒸熟，入鍋加入橘子醬汁、辣椒拌炒。

 貼心小祕訣：
食物裡加入橘子醬汁，可加強酸甜味。

城市農夫的心靈雞湯，劉美霞，為一顆心找回安身之處

竹筍荸薺煮破布子

材料

竹筍	1 支
荸薺	數個
破布子	少許
油	適量
辣椒	少許

作法

step1. 將竹筍切塊,辣椒切段。

step2. 竹筍加入荸薺、破布子後,入鍋
蒸熟,起鍋前加辣椒提味。

貼心小祕訣:

竹筍的纖維,加上荸薺的清甘,以及破布子的甘
味,讓味蕾有多層次的口感。

油可依個人喜好增減,油多些口感較脆。

小黃瓜拌米醬與冬瓜盅

材料一

小黃瓜……………………… 數條
米醬……………………… 適量

材料二

冬瓜……………………… 1 片
破布子……………………… 少許
自製醬筍……………………… 少許

 貼心小祕訣：
以多餘食材的醃製醬汁，以醬汁醋酸甘甜來提味，
讓味蕾有多層次的口感，不需添加鹽來調味。

作法

step1. 小黃瓜先用開水洗乾淨，切好再用冷開水浸泡或冰鎮，口感才會脆，食用時加上米醬
　　　（米醬：由黃豆和米發酵而成）即可。

step2. 將破布子與醬筍放入挖空的冬瓜內，入鍋蒸熟。

順應自然 返璞歸真，
喚回對地球生命的記憶，
學習相互扶持，
分享感動及資源，
讓人類重回萬物生息的家。

Chapter 4

樸門永續設計師

———

Permaculture Design

樸門三大倫理 - 照顧地球、照顧人類、分享多餘。

「 你知道破壞地球最多的產業是什麼嗎？是農業。」———— 唐敏

澳洲 Permaculture Research Institute 的樸門永續設計專業認證教師、樸門永續設計專業設計師、樸門地景設計師認證（Advanced Permaculture Design），及開放空間會議認證引導師。自 2011 年起推動新店區花園新城系列樸門社區計劃，透過樸門永續設計的社區農藝課程，帶領居民做社區土地復育及永續農藝工作。

（唐敏是樸門永續設計的實踐者，相關農法請參照—第 232 頁）

永續設計裡的 食物森林

迷迭香 洋甘菊 鼠尾草 辣椒 檸檬 薰衣草 番茄 木瓜 萵苣 檸檬 葡萄 檸檬樹 荷花 向日

打造都市永續的生態農園，
可以從社區營造開始做起。

新店花園新城的樸門農園
位於「愛在蔬食」餐廳附近。
在樸門理念之下，
順應該地的生態及地勢走向，
建構最佳的灌溉、排水系統，
並挑選適合栽植的作物，
一片欣欣向榮、鬱鬱蒼蒼，
亦為動物喜愛停留的食物森林。

四季豆

巴西櫻桃

香蕉

馬鈴薯

探索樸門

在烏來花園新城社區的入口圓環等了一會兒，便看到騎機車前來的唐敏。摘下安全帽，一頭及肩白髮散落，她帶著爽朗的笑容迎向我們，迫不及待地邀大家在候車亭坐下，用來臺定居近三十年練就的流利中文熱情寒暄。

1986 年，23 歲的唐敏與朋友打了一個「敢不敢」的賭，便來到臺灣學習中文，並定居至今。除了企業活動外，她積極投入臺灣自然環境研究及社區營造工作，其中眾所皆知的，便是她的樸門設計師身分。自幼承襲家族愛好自由的特性，加上天生充滿好奇的「為什麼」思考模式，她的人生之路逐步接近生命的本質—自然。因此，最終從事樸門教育，也似乎是理所當然的結果。

🏠 新店花園新城樸門小農園

📍 新店花園新城金興路上
　Bio AtPeace Cafe 愛在蔬食餐廳附近

📞 0936803467

而關於樸門，英文 Permaculture 是「permanent」（永恆的）、「agriculture」（農業）和「culture」（文化）的縮寫。在臺灣，Permaculture 曾被譯為永續栽培或樸門農藝，初期也確實強調永續性的食物生產方式，而在自然農法中占有一席之地，致使許多剛接觸農事的年輕人，較著重其農耕技術的一面，或誤認為這只是一套自然農法。

還在腦中複習唐敏及樸門的背景，想著提出第一個問題時，唐敏用她觀察自然多年的雙眼環視我們，劈頭便問：「你知道破壞地球最多的產業是什麼嗎？」答案竟然是我們意想不到的「農業」。

唐敏從農業—破壞地球最多的產業—切入，接著很快地介紹樸門三大倫理：「照顧地球」、「照顧人類」以及「分享多餘」。任何產業都可以、也必須發掘大自然的運作模式，尋求與自然環境的平衡點，然後從中各取所需以維持生存，並分享資源來促進社會連結。簡單來說，呼應生態、生產、生活的「三生」，樸門是一套不斷進化的設計哲學及運動。「樸門是超越自然農法的。」唐敏這麼告訴我們。

不同種類的作物生態，說明了「生態平衡」，正是樸門對所有產業的呼籲與堅持。

如入寶山的食物森林

唐敏帶領我們往農園的路上，經過一家素食餐廳「愛在蔬食Bio AtPeace Cafe」。幾年前她便是透過這家餐廳的老闆，得知社區內有一塊堆滿垃圾的荒廢山坡地。唐敏如獲至寶，主動與地主聯繫，並號召住戶一起整理並實行樸門再造。現在，唐敏便是要讓我們見證再造的成果。

從一處向下轉入的山徑，小心翼翼地踏著以竹子、木頭等就地取材而成的土梯，我們來到由廢棄的網室鐵架勾勒出的狹長型樸門農園。稍有農事經驗的人一眼便可看出，這裡的種植方式絕對不是出於生產考量，因為放眼望去不是常見的整齊菜畦與單一作物，而是一座蔚然可觀的多元小森林啊！

尋覓生態間的
平衡，取之有
節，化荒地為
食物的寶山，
生生不息。

◀ 唐敏的菜園

1 - 芭樂
2 - 紫蘇
3 - 辣椒
4 - 香蕉
5 - 落葉堆肥區
6 - 川七的根

順應自然，因地制宜

循著彎曲的小徑，我們進行上下兩塊坡地的巡禮，在種種植物恣意生長的曲線中，唐敏像看著自己的孩子般，熱切地解釋她的設計。當初光是觀察這裡的環境、氣候、動植物、人文等各方面考量，便花費至少一年以上的時間，再依照觀察的結果，設計出最適合此處生態的農園環境，比如：原本都是石頭幾無表土，樸門仍主張儘量不翻耕以維持土壤結構與生態結構的完整性，採以自製落葉堆肥作層層堆疊覆蓋來形成表土。順應自然的原則下，唐敏認為這裡的環境不適合以短期耕作的方式為主，且因為是山坡地，必須特別重視水土保持，她分析地勢及雨水沖刷方式來調整菜畦的方向，並在土壤容易流失的區域種植根系固土效果高的多年生植物，葉菜類也僅採摘外圍的葉子，而不一次採收。

難以想像，當初的「垃圾山」被唐敏重新打造成處處巧思的生態農園，成為花園新城社區的特色景致及樸門教育的典範。看著唐敏滔滔不絕地說明時，除了展露出的豐富知識外，相信若沒有巨大的信念，這一切都無法成事。

最後結束農園之行，在「愛在蔬食」餐廳道別時，比起這塊土地的轉變，唐敏身影所散發出的難以言喻的鼓舞力量更讓人印象深刻。

蘑菇花菜湯

材料一

蘑菇·····························150g
蒜苗·····························50g
沙拉油··························30cc

材料二

金針·····························5g
白花椰菜·························300g
月桂葉···························3 大片
白酒·····························30cc
水······························1400cc
原味豆奶·························200cc
鹽······························1.5t

作法

step1. 將白花椰菜切碎，蒜苗切
成 0.5 公分長的段，蘑菇
切片，金針切段。

step2. 將材料一下鍋炒香，加入
沙拉油、蒜苗拌炒，再加
入蘑菇一起炒軟。

step3. 林料二的金針、白花椰菜、
月桂葉、白酒、水一起煮
熟後打碎，再加入前面炒
軟的料、原味豆奶、鹽煮
滾即可。

生菜沙拉拌紅藜

材料一

奶油萵苣‧‧‧‧‧‧‧‧‧‧‧‧‧‧‧‧‧‧‧‧‧‧‧‧‧ 2 顆

菊苣‧‧‧‧‧‧‧‧‧‧‧‧‧‧‧‧‧‧‧‧‧‧‧‧‧ 1/4 顆

紅蘿蔔‧‧‧‧‧‧‧‧‧‧‧‧‧‧‧‧‧‧‧‧‧‧‧‧‧ 5 根

番茄‧‧‧‧‧‧‧‧‧‧‧‧‧‧‧‧‧‧‧‧‧‧‧‧‧ 2 顆

金蓮花‧‧‧‧‧‧‧‧‧‧‧‧‧‧‧‧‧‧‧‧‧‧‧‧‧ 1 把

紅藜‧‧‧‧‧‧‧‧‧‧‧‧‧‧‧‧‧‧‧‧‧‧‧‧‧ 少許

材料二

檸檬汁‧‧‧‧‧‧‧‧‧‧‧‧‧‧‧‧‧‧‧‧‧‧‧‧‧ 1 顆

芝麻醬‧‧‧‧‧‧‧‧‧‧‧‧‧‧‧‧‧‧‧‧‧‧‧‧‧ 2t

橄欖油‧‧‧‧‧‧‧‧‧‧‧‧‧‧‧‧‧‧‧‧‧‧‧ 60cc

蒜‧‧‧‧‧‧‧‧‧‧‧‧‧‧‧‧‧‧‧‧‧‧‧‧‧ 1 顆

蜂蜜‧‧‧‧‧‧‧‧‧‧‧‧‧‧‧‧‧‧‧‧‧‧‧‧‧ 1t

作法

step1. 將材料一的紅藜煮熟放涼，並將其他食材洗淨。

step2. 將奶油萵苣撕成小塊，菊苣、紅蘿蔔、蒜切片，番茄切塊。

step3. 混合材料二為調味料，再和材料一拌勻即可。

外冷內熱的爐子，
灌注只在乎價值的技術，
燃燒追求風味的達人魂，
只為了那，
飄散香氣的一瞬。

Chapter 5
柴燒爐達人

Firewood Stove Expert

11

11

嚮往永續的抹香鯨，
永保赤子之心。

「謹慎使用大自然產出的資源，環境不會有問題，
但人類創造出來的可就不一定了。」———鄭景元

曾在國華廣告公司擔任專業攝影師，2004 年拜訪柴燒爐界的大師 Alan Scott，跟著
上工學習。2009 年正式承接柴燒爐建造，2015 年到山東省日照市「白鷺灣文創園
區」建造披薩爐與麵包爐。至今已有 18 座爐子，分佈在不同經緯度與海拔的縣市
鄉鎮。2016 年 3 月在淡水啟動「微光星球」商號，支持公平貿易生活手作品、二
手物交流與友善消費。

柴燒爐的
溫度之旅

景元老師繪製
柴燒爐草圖

2015.9 #16

薪柴取自
修整的果木

自然發酵的麵粉食材，在窯烤柴燒爐的烘焙之下，
讓味蕾不再只是麵包香或披薩脆，而是窯烤旅程出來那無可取代之「感動的品嚐」。

自 2004 年赴舊金山跟隨
知名柴燒爐大師 Alan Scott 建造柴燒爐開始，
十多年來在全臺各地已完成近二十座爐子，
近期最新作品則是在
山東日照白鷺灣文化創意園區的
麵包爐及披薩爐。
有興趣者可至粉絲頁
「抹香鯨的柴燒麵包／披薩爐」
追蹤最新爐子消息。

排放的 二氧化碳
被植物吸收

未燒完的生物炭
是很好的土質改良物

感性的淚水

鄭景元和我們聊著剛出社會時渾渾噩噩的生活，也提起與鯨魚結緣的往事。因為初中時在電視新聞報導看到綠色和平組織抗議商業捕鯨，穿插著波浪光影在鯨背跳躍的影像後，便開始收集鯨豚的原文書籍與聲音的 CD。1996 年，鄭景元開始參與鯨豚擱淺與推動鯨豚類的保育事務，因為了解他們生存的處境，只要看到鯨豚的影片「我真的會流下眼淚……」，他敘述著 1995 年在臺中港協助處理死亡年輕抹香鯨屍體的經過，我們這時也終於恍然大悟，理解為什麼他會有「抹香鯨」這個綽號。

臺北東湖 - 皇家窯烤披薩 (2010)
桃園中壢 - 野豬石窯披薩 (2012)
新竹峨眉 - 野山田工坊 (2009)
苗栗南庄 - 山度爐烤麵包 (2009)
臺中北區 - 咕咕霍夫漢遠門市 (2010)
臺中北屯 - 柴窯火腿製造所 (2016)
南投埔里 - 依拉柴燒窯烤披薩 (2010)
宜蘭冬山 - 日光小鎮南法蔬食農莊 (2013)
臺東鹿野 - 龍田樹舍民宿 (2013)
臺東綠島 - 哈狗店 (2011)
山東日照 - 窯啊窯柴燒麵包與披薩 (2015)

不論「抹香鯨」或自取「Eagle」英文名的鄭景元，可以感受到他不受拘束的性格。外貌及體態既像是得道高僧，又不失雅痞氣息，讓人摸不清他的實際年齡。這種微妙的氣質彷彿其人生閱歷的寫照，雖不至離經叛道，轉折卻也非常人所及：商科畢業，出社會便進入婚紗、報導攝影與廣告公司，後來自立門戶承接攝影及設計案，現在則以「柴燒爐達人」而為人所知。

回首人生時，他甚至用「胡作非為」來形容還是社會新鮮人時的自己，從來沒有儲蓄的習慣，卻仍不斷地旅行、不斷地探索，直到有次買到樸門永續設計的創始人—澳洲生態學者 Bill Mollison —的書籍《永續栽培設計》，讓他篤定這種「永續」的生活態度正是他所尋覓的。雖然未曾直接投入農務，但樸門永續設計的倫理與原則，從那時起便深深滲入他的生活及工作之中。

抹香鯨的柴燒爐之旅

芙蘭‧蓋芝（Fran Gage） 的《味覺日記—愛戀味蕾的舊金山時光》一書，於 2004 年秋引領了鄭景元遠赴美國舊金山的 Petaluma 小鎮，跟著國際知名柴燒爐大師 Alan Scott 建造柴燒爐，2006 年邀請 Alan 來臺指導柴燒爐研習營，完成臺灣第一座柴燒麵包爐。2009 年起，在臺灣各地和離島共承建十五座爐，2015 年春更應邀至山東省日照市，規劃一間以夯土牆結合當地特有的海草屋頂的麵包坊，建造麵包爐與披薩爐各一座。

柴燒爐爐床的傳導熱、爐壁的輻射熱以及爐內的熱對流這三種熱源，所烘焙、燜熟出來的麵包或食物，具有獨特的風味與口感，是採用電或瓦斯的爐具難望其項背、也模仿不來的。雖然也蓋過以瓦斯或電力的披薩爐，但鄭景元還是獨鍾以薪柴轉化為熱源的方式，很多人認為燒柴不環保，但其實薪柴取自修整的果木，運用設計妥善、熱源不易流失的爐，完全燃燒後排放的二氧化碳會被植物吸收，未燒完的生物炭是很好的土質改良物，或是最天然的除濕劑，這樣應該是最美麗、最優雅的循環吧。

中古世紀的歐洲有社區柴燒麵包爐，家家戶戶在不同時段，將準備好的麵糰送進去烘焙，共享資源；但隨著工業革命以至網

路的無遠弗屆，現在的社會已經不再像以往人與人的緊密連結與交流分享。

從技術層面開始，鄭景元慢慢引導我們進入柴燒爐的應用層面：除了烤麵包、披薩，運用煙囪排出的熱源燻肉，甚至外燴餐車等，延伸到更根本的適切科技綠色思維、低碳里程與小規模自給自足，交換所需的生活實踐。「這些是構想，還有待去實踐」最後他補上了這一句。

赤子之心樂在其中

蓋爐以外的時間，鄭景元將全部精力都留給家庭。經歷過自以為是的成長歲月的鄭景元，還在努力學習丟開個人的制約，以免影響孩子的人格發展。只是說著說著，突然口氣一沉：「雖然我看起來年紀不這麼大，但其實都快要可以拿敬老票了。想一想，浪蕩多年終於有了家，還有一個三歲多的孩子，開始時會去想還可以陪他多久？等他可以跟我一起喝啤酒時，我還在不在……後來就不去想了，每天在孩子身邊，欣賞著他的一舉一動，偶爾被他的固執脾氣牽動怒火，這就是生活。」一生我行我素的抹香鯨突然老成得讓人有點吃驚。還好他送出閣的女兒們—也就是柴燒爐—儘管鄭景元承接的案子都以營業用途為主，

離他對柴燒爐運用的理想模式有一段距離，不過他倒是很享受地說：「把爐子蓋出來就快樂了。」父子一同造爐、烘焙、喝啤酒……不禁想望起下次採訪鄭景元時的畫面。

162 163

一座座精心打造
的柴燒爐，透過
這四溢的香氣，
幻化為對健康、
對自然的渴望。

◀ 鄭景元的柴燒爐

1 - 山東日照市白鷺灣文創園區麵包
　　柴燒爐
2 - 自然發酵後烘焙出來的原味麵包
3 - 山東日照市白鷺灣文創園區披薩
　　柴燒爐
4 - 進行柴燒爐縮口工程
5 - 披薩爐的操作使用說明

溫暖內心的自我療癒

柴燒爐不像電烤箱，設定好溫度後就可以了，
其表現會因薪柴種類與乾燥程度，以及不同的
生火模式而有差異，這也是她的迷人之處。良
好的設計、建造的柴燒爐，配合恰當的生火模
式，溫度將緩慢均勻的蓄養在爐體結構內，提
供多批麵糰的烘焙；即使溫度不夠了，只需要
很短的時間就可以將溫度再拉回來繼續工作。

法國一家知名麵包店，在巴黎郊區有 24 座柴
燒爐，24 小時全天無休，只需要人員分三班
工作。我們常被教導一切要講究效率、速度，
其實所謂的效率與速度，適切就好，不是完全
放諸四海、一成不變的標準。用一根火柴燃起
細枝，慢慢將爐體燻黑再轉白，再經過清理爐
床準備烘焙的過程，其實是一段內在的療癒之
旅。

柴鴨米飯煲

材料

鴨肉	300g
老薑	50g
白米	300g
米酒	6T
桂圓	30g
燕麥粒	100g
山藥	200g
鹽	1t
鴨高湯	500cc
水（外鍋）	1 杯

* 杯為洗米杯

 貼心小祕訣：
燕麥粒先泡水 3 小時口感會較軟。

作法

step1. 鴨肉切絲，老薑、山藥切片。

step2. 將鴨肉和老薑一起爆炒。

step3. 所有材料放入電鍋中，外鍋加水燉煮即可。

辛蔬火油餅

材料一
中筋麵粉 ························ 300g
滾水 ···························· 120cc
冷水 ···························· 10cc
花生油 ························· 20cc

材料二
洋蔥 ···························· 40g
蔥 ······························ 50g
大蒜 ···························· 5g
白芝麻 ························· 3t

材料三
黑糖 ···························· 1/2t
鹽 ······························ 1/4t
花生油 ························· 4t

作法
step1. 混合材料一製作麵團。

step2. 將洋蔥、蔥、大蒜切碎後，混合材料二
為餡料。

step3. 材料一、材料二、材料三各分為四份。
取一份麵團捍平，均勻灑上黑糖及鹽後
包入一份餡料，再用花生油煎烤即可。

 貼心小祕訣：
使用中小火煎烤至略微焦黃，口感更加酥脆。

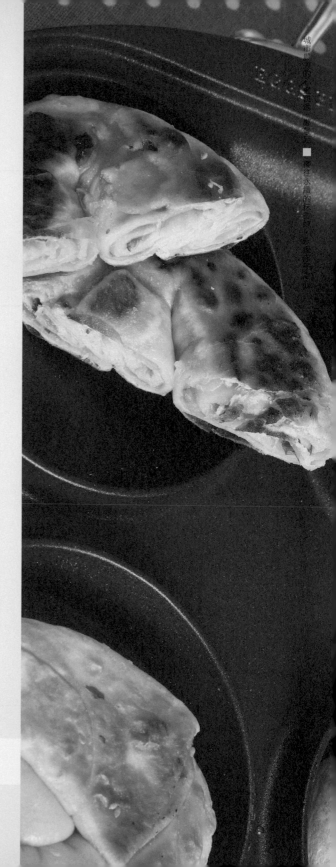

黑米餡餅

材料一

混合麵粉	200g
鹽	1/2t
黑糖	1t
奶油	110g
牛奶	2T
蛋	1 顆

材料二

椰奶	1 瓶
水	200cc
黑糯米	100g
龍眼乾	100g

材料三

黑糖	適量

作法

step1. 將奶油切丁。混合麵粉、鹽、黑糖，加入奶油搓至細砂狀後加入牛奶、蛋揉成麵糰，用保鮮膜包起放入冰箱冰三小時。

step2. 將材料二一起煮至米變得很軟。

step3. 取出麵糰，將其分成時十份，壓扁放入烤模，以190 度烤 18 分鐘。

step4. 在烤好的餅皮內放入餡料、撒上黑糖即可食用。

 貼心小祕訣：

烤好餅皮後，待食用前再放入餡料，才不會使餅皮變軟不酥脆。烤好的餅皮請儘快食用，若變軟可回烤一下，使其回復酥脆口感。

酪梨果乾乳酪脆餅

材料一

酪梨	1/4 顆
核桃	20g
杏仁果	20g
椰棗	20g
芒果乾	20g
奶油乳酪	100g

材料二

金牛角	適量
蘇打餅乾	適量

作法

將材料一混合後，塗在材料二上即可。

觸動舌尖的美好滋味，
傳來料理蘊藏的豐富能量，
品嚐的過程中，
盈滿身體的不止飽足感，
還有餐桌彼端的溫暖心意。

Chapter 6

健康廚房 / 有機料理餐廳

———

Healthy Kitchen / Organic Cuisine Restaurant

12

13

重新建立飲食文化，從心出發。

「我們希望未來餐桌是一個社交平臺，不只
是吃飽，而是品嚐及分享。」———— 田月娥

重慶「田媽媽健康廚房」創辦人。經歷上百場次的分享，影響上千個家庭
進行廚房革命。90 年代初涉足餐飲，喜歡和廚師探討、並借助科技化的
廚具及對營養的學習，以不用抽油煙機、低碳環保、零油煙、低溫、低鹽、
低油的健康烹飪，尋找健康與美味的平衡，在品嚐食物原味時也兼具了色、
香、味，以及五行五色的養生概念。

魔法仙女田媽媽
的健康廚

✧ 透過好鍋自體熱流的循環，
讓新鮮有機食材散發自身的養分，
在沒有流失的烹調下，展現完整食物的最原味。

田媽媽健康廚房‧紫桂園
位於重慶江北中央美地，
接受私人定製的有機家宴，
前花園，後菜園，
鍋裡燒著水馬上到菜園採摘洗淨放到鍋裡，
從泥巴到嘴巴的美妙旅程，
美食體驗者無不稱道！
室內每個房間都有世界頂級的空氣淨化器。

知恩惜福，不忘貴人一句話

在受邀採訪之初，田月娥相當謙虛，自認並非專業人士或特別成功的實業家，不好意思受訪。我們也不意外，她本來就是苦過來的人，待人處事平易近人，工作盡心盡力，沒有在刻意高調。向我們概述生平時，她說到最難忘的一件事：

「我是個幸運的人，十三歲那年隨我父親從部隊轉移到地方的時候，我在輪船甲板上遇到一個解放軍叔叔，他來關心我，聽我唱歌，問我：『小姑娘，長大了要做什麼？』我說我不知道，他告訴我，你的腿腳不方便，長大了就去做一個動嘴不動腿的工作。我說，那是什麼工作呢？他說是廣播員。」

🏠 田媽媽健康廚房

📍 重慶渝中區卡薩國際公寓‧重慶江北中央美地

📞 18996077746

記著叔叔的話，田月娥買了一臺收音機，將從喇叭傳出的廣播節目設定為自己的人生目標。「這個叔叔在我夢想的田裡種了一顆種子。」她說。如那位叔叔所見，田月娥因患小兒麻痺後遺症而右腿殘疾。更因經常性的治療而無法正常就學，但她仍能憑著自修完成高中及大學課業。記住叔叔一番話的她，在二十六歲那年真的當上了所在地區的電視播音員。

現在年逾五十的田月娥已退下電視節目主持人的工作，曾擔任廣州賞識教育學校校長，現任重慶華龍網三峽傳媒網事業發展顧問，並四處受邀演講。成長足跡被稱為「一隻瘸腿的白天鵝」，但田月娥對自己一生遭遇到的人事物，言辭洋溢著感恩之情。

近在眼前的幸福食光

塞翁失馬，焉知非福。田月娥為了治療而奔波的過程中，受到很多人的關心及照護，因此對於各方食物的口味相當適應。她自嘲地說，那時候就是一個「吃貨」，而且對於各式各樣的新鮮食材，天生就有一種好奇及相當的接納度。

尤其在結婚後，先生的激勵與兩人的共識，更讓她樂於嘗試，把吃過的美味食物都親手試作一次。「我們願意動手實踐，而且實踐多了，灶臺和食物之間慢慢發生奇妙的聯繫，有一種靈感的息息相通。」田月娥愈說口氣愈是溫柔，「所以我會跟料理結緣，真的非常感謝我的先生。」

夫妻檔在婚後開了一家酒店，並沒有照一般情況聘請大廚，而是請熱愛生活、然而卻名不見經傳的人來掌廚，然後他們跟廚師一起研究、一起摸索，上菜時還會向客人分享用心準備料理的過程。客人的正面反應及店面業績讓他們相信，料理要與情感結合，才能品嚐到真正的美味。

耳濡目染下，他們的兒子也都能自己作飯。一家三口三種口味，透過料理互相包容、互相讚美。無論好吃難吃，只要看見彼此為對方付出的樣子，吃飯就充滿了樂趣。田月娥有次還忍不住問兒子：「你有沒有發現你是世界上最幸福的孩子啊？」

從將就到講究，田媽媽當推手

離開電視臺的工作後，田月娥開始以「食物」為主題出發，開設料理教室之外，還去敬老院或社區舉辦美食活動，或到偏遠地區、農村小學舉辦講座來推廣當地當季食材的使用等，並規劃要創辦更具規模的田媽媽大自然體驗學校。

由於回歸田園生活在大陸逐漸成為非常巨大的潮流，愈來愈多城市人渴望鄉下生活，所以田月娥想要以本身二十多載的真情廚藝體驗為基礎，以「田媽媽」為號召，建立起一個連接與傳播的平臺，讓綠色生活的知識更為普及。

好比在推廣的過程中，田月娥自己便發生很大的觀念轉折，她坦言：「我原本對於料理口味的重視超過對材料的選擇。」後來透過學習及交流分享而驚奇地發現，有機食材的天然味道與慣行農法食材相比下實在是天壤之別。她從此體認到，食物風味要從原始食材開始要求。「要追求綠色的健康生活，就是從將就到講究，真的要非常珍惜這些來自土地的食物資源，希望能夠引入也懂得珍惜及品嚐的家庭中。」

像這樣聽著田月娥述說著未來願景，那熱切的口吻彷彿讓人看見當初甲板上下定決心的小姑娘。這愈演愈精彩的田媽媽傳奇故事，就讓我們繼續看下去。

佳餚美饌的風味，
從食材開始追求；
富有情感的料理，
才是真正的美味。

◀ 田月娥的農場

1 - 新鮮水果
　　（火龍果、哈蜜瓜、西瓜、柳橙）
2 - 生核桃
3 - 根莖類蔬菜
　　（花生、玉米、地瓜、紅蘿蔔）
4 - 健康食材的蔬果配料
5 - 秋葵
6 - 百草菇

在採訪田月娥的過程中，我們聽到了「醫和養」、「食與自然」等詞彙，就好像馬斯洛需求理論一樣，田月娥所追求的不僅僅是食材的選擇本身，而是超越食材的人與身體的醫養結合，是一種基於食材、美食本身而昇華的價值實現。同時對於大陸的發展而言，也出現了愈來愈多的人從單純追求美食，到自然食材，再到規律養生，再到養護醫結合以及更高層次的需求。自然環境和商業環境的變化，人們很難再吃上一頓放心的、舒心的「食物」，而心腦疾病、消化系統疾病的多發，追根溯源也是飲食價值觀的缺失或者無序，因此，端正飲食的價值觀也迫在眉睫。田月娥終其一生的追求或許已經不單單在食物本身，而是希望透過食物這個媒介讓熱愛生活的人形成好的飲食習慣，這也正是在傳播一種符合現代的生活價值觀體系，忙碌中的停留，忙碌中的閒適，忙碌中對自然的重視以及忙碌中對自己的再認識。

鮮拌瓜絲

材料	
嫩南瓜	300g
辣椒	適量
蒜	適量
淡醬油	適量
醋	適量
芝麻油	適量
辣椒油	適量

作法

step1. 將南瓜切絲，辣椒切片，蒜剁碎。

step2. 再淋上適量淡醬油、醋、芝麻油、辣椒油即可。

 貼心小祕訣：

南瓜絲切好後，不要馬上淋佐料，要吃時再淋，瓜絲較容易入味。

糖醋排骨

材料

排骨	500g
黃瓜	80g
淡醬油	40cc
冰糖	75g
醋	80cc
芝麻	少許

作法

(這道菜只要記住口訣 1、2、3 和 4，就能很快學會)

step1. 排骨切塊，黃瓜切條。

step2. 1 斤排骨、2 勺醬油、3 勺冰糖、4
勺醋，蓋鍋蓋中火煮 8 分鐘，掀蓋
中小火收汁，15 分鐘即可撒上芝麻
上桌，將切好的黃瓜條用於沾汁。

🍲 貼心小祕訣：

也可用小饅頭和麵包沾汁食用。

田媽煲仔飯

材料一

珍珠米·······················500g
水························500cc

材料二

廣味香腸·······················50g
紅蘿蔔·························60g
青豆··························100g

材料三

淡醬油··························適量
香油··························適量
芝麻··························適量
蔥··························適量

作法

step1. 將香腸切小圓片，紅蘿蔔切小丁，
蔥切花。

step2. 下珍珠米和水，大火煮開後轉小
火燜煮。

step3. 另起一鍋，將材料二下鍋開中火，
鍋熱後轉至小火拌炒 15 分鐘。

step4. 之後根據口味用適量淡醬油、香
油、芝麻、蔥攪拌即可食用。

🍲 **貼心小祕訣：**

水和米比例 1：10。

如果用少量糙米或黑米混搭須提前浸泡 120 分
鐘，再混搭白米才容易熟。

煮飯時，若喜歡鍋巴可在鍋中多燜一會兒。

無水海鮮鍋

材料

冬瓜 ·······························300g
蓮藕 ·······························200g
玉米 ·······························250g
南瓜 ·······························250g
木耳 ·······························100g
青花椰菜 ·························150g
紅椒 ·······························80g
蝦 ·································250g

🍲 **貼心小祕訣:**

五色蔬果搭配有益於人體器官的滋養,可根據當季
蔬果、海鮮、肉類,任意五色搭配,可食原汁原味,
也可搭配沾醬食用。

作法

將材料切好,容易出水的冬瓜墊在最下面,之後將蓮藕、玉米、南瓜、木耳、青花椰菜、紅椒擺好,
蝦放最上面,用中火煮至冒煙後開小火煮 15 分鐘即可。

用科技回歸傳統，
引領農業新潮流。

「振興農業的關鍵之一就是科技的力量。」
———— 林岳毅

日本札幌大學經營研究科碩士、台茂全球通股份有限公司總經理，旗下經營的「養生銀行」是以天然有機、安全無毒的在地食材為號召的餐廳。店內的商品皆是已經取得 QR CODE、生產過程透明化、可以溯源的農產品。消費者只要掃一下，就知道生產者的資訊、產地位置、使用的農法、資材等，讓消費者拿回食安的主控權。

三星蔥

79元/包

元品有機米

完美極致搭配

三色米+白米

150元/包

直接配送系統

有機無毒種植

我的
心靈菜園

生產履歷來源（雲端資料庫建置）

農業也需要創新，消費者透過溯源系統查詢
生鮮蔬果的生產履歷，可以自己決定購買食物的品質，
同時也支持了友善耕作的農友。

養生銀行各分店的經營項目
涵蓋精緻餐點、新鮮輕食吧、
日式料理等餐飲部分
和販售食材的超市賣場部分，
一貫的經營理念是無添加人工調味料、
不過度烹調，
並一律採用有機及產銷履歷驗證的安全食材，
是大力推廣食農觀念的特色餐廳。

生產履歷
溯源系統

(食的安心
買的放心)

都市荒漠中的飲食綠洲

一行人來到了養生銀行大直店，心想，過去的訪談對象多在田連阡陌的農地，或是民淳俗厚的農莊，怎麼也和這滿是玻璃帷幕的大都市搭不在一塊兒。然而，當在養生銀行大直店的超市賣場中，看到來自全臺各地的五穀雜糧及生鮮蔬果等農產品時，突然想起了劉克襄在《山黃麻家書》中的一段話：「這個時代詩已經沒落了，我卻感謝它曾經對我的啟蒙。」或許傳統農業亦已沒落，然這群辛勤的現代農夫，其汗水已化為灌溉有機農業的泉水，流遍全臺的農村，甚至是都市荒漠。

🏠 養生銀行・小農食堂

📍 臺北市中山區明水路 575 號 B2

📞 02-85095950

農業素人一手打造養生銀行

初見受訪者—養生銀行總經理林岳毅時，一身西裝革履的打扮，就如同這理性又有點距離的大都市形象。在簡單的寒喧後，那股自然而然散發出來臺灣在地的親切及幽默感，就如同超市賣場中產地直送的新鮮蔬果，讓人有種老友重逢的溫馨感。

留學日本多年的林岳毅，本身並非農業科班，因在當地見到養生餐廳的蔬果多來自臺灣，因此萌生回臺灣開店的念頭。「臺灣的好東西真的很多，若在國外才吃得到實在太可惜了，因此我希望開一家結合超市與餐廳的店，讓大家認識臺灣食材。」然而，提到養生銀行的經營，神情似有些許無奈：「我們走有機很久了，全臺灣做有機的都找過好幾輪……該賠的也都賠得差不多了……真的累積了很多失敗經驗。」林岳毅苦笑地說，臺灣的農耕技術相當精良，但俗話說：「外銷內行、內銷外行」，所以開設養生銀行的初衷，就是希望設置一個販售臺灣優良農產品的地方，讓農民多一個銷售機會，也讓臺灣本土蔬果能被國人重視。

「有夢最美，希望相隨」，但在發展上，卻常處於「有夢最美」的階段。為了減輕合作農民的壓力，盡可能用對農民方便的契作方式批購，又更進一步輔導非有機的農民轉型，走向安全無毒及生產

追求天然有機、安全無毒的食材不分國界。（圖為林岳毅與日本北海道農業支援協會及智慧之輪合作社的代表們）

履歷透明化的層次，所投入的成本是難以估算的；還有因著不合理的土地炒作，連帶影響了透過展店來推廣有機食材的可能。

「本來有機的產量就比較少或不穩定，所以我們跟農民談好條件，幾乎全都是預付現金……因為你知道……很多農民沒有這筆錢，就很難撐到下一次收成，有一頓沒兩頓的……我們這邊能做到的話，就儘量去做。」農民的苦，林岳毅知道，或許就如同農民詩人吳晟，在這一波波環境運動、農村運動裡所抱持「從自身做起、盡力做到」的信念，養生銀行正是一個不可多得的平臺，哪能輕言放棄呢？

取經日本，運用科技復興傳統農業

訪談之間，林岳毅曾以流利的日語和電話中的客戶交談，留日的背景正是讓他得以取得許多日本農業發展的資料，以及邀請日本講師來臺，分享相關農業經驗的利器。此外，他現在正忙著的一項主要工作，就是協助農糧署會進行生產履歷系統的介面優化，並透過自己的店面率先試驗新系統。他認為這是目前臺灣智慧型農業裡，真的要好好發展的一個領域。「農業也可以時尚、科技，生產者及消費者都需要一個可以溝通的介面……振興農業的關鍵之一就是科技的力量。」他邊說邊用平板說明包裝上的QRcode，「消費者掃一下，產地資訊，還有從種植開始、收成及包裝、到輸送及販賣，全部清楚秀出來！」

有履歷的食材，
讓我們簡單吃到
不簡單的樸實滋味。

◀ 林岳毅的農產品

1 - 有機洋蔥
2 - 有機百香果
3 - 車輪南瓜
4 - 有機豆腐
5 - 有機南瓜
6 - 有機芽菜

「這就是用科技回歸傳統！」唯有透過生產履歷透明化，才能讓農民勇於對自己的農作物負責，就像日本傳統職人對自己手中產品充滿驕傲與信心一般，這何嘗不是重拾傳統的一種方法？

聽著眼前的科技型男滔滔不絕地述說著未來科技農業發展的願景，愈加覺得，傳統農業要革新，除了號召青年回歸田園，或是透過小農的單打獨鬥，更得招徠各領域人才的投入才能賦予農業新的生命，不過這段農改之路，如同林岳毅一路走來，漸漸讓眾人對有機食材的「原味覺醒」，是條漫長的路。

鹽燒豬肉丼

材料一

洋蔥	半顆
五花豬肉片	10 片
蛋	2 顆
蔥	少許
青花椰菜	2 朵
白飯	1 碗

材料二

醬油	1/2t
醬油膏	1/2t
南瓜醬	1/2t
蔬菜高湯	1/2t

作法

step1. 將材料一洋蔥切絲，蔥切成蔥花，青花椰菜燙熟。

step2. 混合材料二為醬汁。

step3. 熱鍋後，放入洋蔥，待聞到洋蔥香味，再放入五花豬肉片，炒至半熟。

step4. 放入材料二醬汁，再放入洋蔥，小火煮滾。

step5. 將蛋打散（不用太均勻），先將 1/2 的蛋液倒入鍋內，並將五花豬肉片沾滿蛋液，至八分熟後，再淋上剩餘蛋液，然後關火，撒上蔥花。

step6. 盛飯，將成品淋到飯上再撒些蔥花，放上燙熟的青花椰菜即完成。

 貼心小祕訣：

蛋白不要打太散，蛋液分成兩次下鍋，
最後一次淋上便關火，利用餘溫使蛋液熱熟。

有機蔬菜鍋

材料

南瓜……………………………… 1 顆
玉米……………………………… 1 條
蕃茄……………………………… 2 顆
紅蘿蔔…………………………… 1 條
白蘿蔔…………………………… 半條
馬鈴薯…………………………… 1 顆
地瓜……………………………… 半條
青花椰菜………………………… 半顆
絲瓜……………………………… 半條
四季豆…………………………… 1 把
洋蔥……………………………… 適量
水………………………………… 適量
鹽………………………………… 少許

作法

step1. 將材料切好放入鍋內。

step2. 加入水，水面高度不要超過蔬菜的一半。
蓋上鍋蓋，大火煮約 10 分鐘至水滾冒煙
再開蓋，加入少許鹽調味即可。

 貼心小祕訣：

水不可蓋過蔬菜，
關火後，利用鍋內壓力將蔬菜蒸熟，
以保留蔬菜原有的甜味。

讓水雉遨翔棲息，
讓農民安心生產，
讓消費者放心食用，
守護這樣的一塊土地，
應該做 就必須去做！

Chapter 7

有機物聯網（社會企業）

Organic Networking (Social Enterprise)

14

14

瘋子的勁，傻人的福。

「我們深信，只要堅持，
『臺灣重回美麗有機島』的共願
一定有實現的一天！」———— 楊從貴

友善大地社會企業執行長、友善大地有機聯盟營運長、東海大學企
管系畢業。領導 80 農戶，生產安全、有機農作物。成立的理念，
是解決農業生產者在市場機制的弱勢問題，例如農產品滯銷或是被
商人剝削賤價出售，使農民收入沒有保障。提供「有機農業紓困基
金」，創造有心投入有機農業的青年發展空間。

生產者　　　　通路　　　　消費者

友善大地

購買安全無毒產品

綠保菱鄉米
綠保菱角等農產品

全台各地
野鳥協會

帳目公開

15%

友善大地將提撥
銷貨價15%列為基金

回饋綠保農法農友　　　急難救助

水菱有機農場坐落於官田濕地內，
鄰近烏山頭水庫，
種植包含水稻及菱角等多種濕地作物。
農場目前約 9.6 公頃，
加上當地長輩一起耕作的綠色保育
無毒菱田面積已經超過 20 公頃。
農場理念為生態保育，
期望能兼顧產業經營與復原生態環境，
並展現出有機農業對生態保育的重要性。

台灣美麗有機島
的夢想

「往前走是歷史，橫著走是地景，回到餐桌是生活」。友善大地推廣在地「共食分享」如「中央廚房」概念，不讓食物浪費，也可讓小學生吃到「綠色」無毒食物，同時幫助弱勢族群。

與水雉共存、與萬物互動的濕地

臺南官田濕地的農業主體為一期菱角、一期水稻，以菱角為代表，是全臺菱角最大產地。而官田的另一個代表則是愛吃菱角金花蟲的「菱角鳥」——水雉。在以前，農民和水雉兩者間的關係相當緊張，常常出現兩敗俱傷的結果。老農在水田中噴灑農藥，這使得在水田邊常漂著死去或奄奄一息的各式禽鳥，當然少不了珍稀的水雉，然而農藥的殘留也順帶著毒害到自己。

雖然水雉會吃菱角與水稻田裡的害蟲，本應屬於生態防治的優秀義工，但稻菱輪作的老農一般沒有耐心等待，也怕撒播田裡的種子或者種苗被鳥兒啄食，在不敢冒然改變慣行耕種的方式之下，直接噴灑農藥就是最快速有效的方法，因此水雉一度陷入嚴重的生存危機。

🏠 水菱有機農場

📍 臺南市官田區中山路二段 400 巷 10 之 1 號

📞 06-5795775

和親朋好友一同享受陽光、土壤、食材的純粹與美好。

然而，近年來臺南市政府委託臺南市野鳥學會所管理的「水雉生態園區」，水

雉數量屢創新高，園區外圍也愈來愈多農民轉型種植有機綠保無毒菱角，菱田中更不乏水雉不怕人地與農民四目相望的和諧畫面。不止水雉復育有成，臺北赤蛙、金線蛙、鉛色水蛇也都回到水田中，菱角更成為農民口中的「綠寶」。

今昔對比，若要說轉變的關鍵，絕對是2007年由一群年輕人以「生態保育」為理念所成立的水菱有機農場，以及進一步於2011年成立的「友善大地」有機聯盟。

十八歲的夢，
只有傻瓜加瘋子才敢實現

水菱有機農場的創立者之一，目前擔任友善大地有機聯盟營運長的楊從貴，說到捨棄科技業高薪，轉而投入農業的初衷，原來可以追溯至他十八歲、大一時就懷有的夢想。

在大一交的一份報告中，楊從貴畫了臺灣，然後在某個市區畫了一棟房子。房子一樓是擁有大片明亮窗戶的商店，販賣對環境友善及對健康有益的商品，二樓則是教室。畫中的人們接受了友善大地的理念後，必須走出舒適的都市，前往都會區之外的教育農場實踐所學。

「一定要到農場服務，如果不腳踏青草地，真的沒有機會認識我們的母親大地，這就是大自然應該有的樣子……」楊從貴道出這段學生時代的往事，帶點靦腆地說。許多年後有同學在臉書提到他的報告：「全班只有一個傻瓜加瘋子，敢作那個夢，就叫楊從貴！」不過楊從貴真正又傻又瘋的不是敢作夢，而是敢將夢想實現。

一開始因為珍稀水雉等各式濕地生物保育問題而使他正視當年的從農夢，毅然辭職後與友人成立水菱有機農場，實際以生產者的角色切身體會農民——種不出來、賣不出去、入不敷出——的困境，再進一步擴大夢想，成立友善大地有機聯盟，結合更多全臺各地的友善耕作農場，共同集銷有機農產品。聯盟成立五年下來，已成為國內有機農業界頗負盛名的社會企業。

應該做，就必須去做

乍聽楊從貴談起有機聯盟營業額，正想替他高興時，他卻苦笑著講出前四年的損益，印證自己說的農民困境。「所以我說生產者永遠是輸家。」他忍不住看了看天空，自我解嘲地說，這幾年影響菱角及水稻減產的氣候因素全被他「幸運地」遇上，還有每個月身上揹負的龐大行銷壓力，甚至去年還遇上非典型農貿詐騙案，雖然詐騙未遂，卻也讓聯盟蒙受不少資金周轉的困擾。

與大自然同生共息，這不是生而為人應有的權力嗎？我們應該積極爭取。

菱鄉米

回復自然真正
樣貌，種下、
收穫有機的顆
顆「綠寶」。

◀ 楊從貴的菜園

1 - 有機農產品
2 - B 級山藥
3 - 四季芒果
4 - 南瓜
5 - 古樸自然風味的工作場域

他坦言，成立農場之初，暗忖積蓄燒完就算了，能力不夠就結束吧！「這樣會不會不甘願？」我們問。「這不是甘不甘願的問題，我其實是很謹慎的，我不想與運氣對賭，也不會賭……就只是大家都覺得應該做，那就必須有人率先想辦法去做而已啊！」楊從貴毫不猶豫地回答。

他細數決定從農開始，一路給予支持的各方人士，並對總算建立起的品牌形象感到欣慰，且獲得的肯定多於質疑。只是話說回來，他帶我們進到農場時，特別提醒有蛇出沒，大家誇他心臟大顆，他卻回：「不，我是根本沒有心跳。」或許這就是鐵了心的他能如此擇善固執、勇往直前的真正原因吧！

壽司捲

材料一

白米	300g
壽司醋	半碗

* 碗為一般家庭飯碗

材料二

紅蘿蔔	半條
酪梨	半顆
海苔片	5 張
素鬆	半碗
糖	少許
水	適量
美乃滋	少許

作法

step1. 白米洗淨煮成白米飯，煮好後趁熱加入壽司醋拌勻，放涼。

step2. 將紅蘿蔔、酪梨切條。紅蘿蔔放入加糖的滾水中燙熟後放涼。

step3. 拿一片海苔，先舖上白飯，加上美乃滋、素鬆、胡蘿蔔和酪梨，捲起即可。

香脆菱角酥

材料一

菱仁	600g
鹽	少許
水（內鍋）	適量
水（外鍋）	2 杯

＊杯為洗米杯

材料二

雞蛋	2 顆
地瓜粉	4T
低筋麵粉	4T
脆酥粉	2T

材料三

油	1/3 鍋

作法

step1. 將菱仁放入電鍋，內鍋水剛好蓋過生菱仁，灑上少許鹽，蒸煮約 1 小時。開關跳起後，將熟菱仁撈起備用，蒸煮菱仁所餘的湯汁可以飲用或者入湯。

step2. 將材料二雞蛋打散，加入地瓜粉、低筋麵粉、脆酥粉，充分攪混至黏稠狀後備用。

step3. 鍋中熱油，待油溫熱至約 140 度，轉小火，將熟菱仁裹上麵衣後一一放入油中。

step4. 菱仁全數入鍋後轉中大火，見外皮呈現金黃色後即可撈起瀝油。

 貼心小祕訣：

依個人口味，食用時可加少許胡椒鹽或喜愛的調味粉。

洋菜涼拌小黃瓜

材料

小黃瓜	5 條
聖女番茄	150g
洋菜條	1 包
鹽	少許
糖	少許
和風醬	少許

作法

step1. 小黃瓜切絲,番茄切對半,洋菜條切段。

step2. 小黃瓜用鹽抓過,待出水將水份擠乾。

step3. 洋菜條泡入冷水中,泡軟後將水份擠乾。

step4. 混合全部材料,加入鹽、糖、和風醬拌勻即可。

煉乳香蕉煎餅

材料一
中筋麵粉·····························60g
蛋·································· 2 顆
牛奶····························200cc
含鹽奶油························10g

材料二
香蕉·································1 根

材料三
煉乳····························· 少許
檸檬····························· 少許
可可粉···························· 少許
肉桂粉···························· 少許

作法
step1. 融化奶油,將材料一拌勻,取約 3t 的量放入平底鍋。鋪上適量香蕉片於中間,小火煎熟,將四周的餅皮內摺包覆住香蕉,放入盤中。

step2. 混合可可粉及肉桂粉。淋上適量煉乳、檸檬汁,再撒上混合好的可可粉及肉桂粉即可。

 貼心小祕訣:
使用熟透的香蕉口感極佳。

紅薯兔兔蛋糕

材料一

蛋	3 顆	
糖	200g	
沙拉油	180cc	
蘭姆酒	1T	
香草精	1T	

中筋麵粉	360g
泡打粉	1t
小蘇打粉	1/2t
肉桂粉	1/2t
紅薯絲	300g

材料二

黑巧克力	適量
白巧克力	適量

諾迪威模具 NO.90148

作法

step1. 材料一的蛋加糖打散後，再將其打發。

step2. 加入沙拉油打勻，再加入蘭姆酒、香草精拌勻。

step3. 中筋麵粉、泡打粉、小蘇打粉、肉桂粉一起過篩後加入 step2 中拌勻，再加入切好的紅薯絲拌勻。

step4. 先在模具內塗上份量外的油，再倒入麵糊，入烤箱以 180 度烤 25 ～ 30 分鐘，出爐後放涼。

step5. 再用材料二的巧克力點上兔兔眼睛即可。

骷顱蛋糕

材料一

甜菜根	150g
牛奶	100cc
蘋果醋	10cc
油	50cc
可可粉	20g
甜菜根汁	57cc
蛋	353g（約 7 顆）
糖	230g
低筋麵粉	220g
泡打粉	6g
鹽	3g

材料二

白巧克力	適量
鮮奶油	適量
各式水果	適量

諾迪威模具 NO.89448

作法

step1. 混合甜菜根、牛奶、蘋果醋，打成汁後過濾備用。

step2. 混合過篩的可可粉和甜菜根汁，放涼備用。

step3. 將油加熱至 30 度備用。

step4. 將蛋、糖打發。

step5. 慢慢加入過篩的低筋麵粉、泡打粉、鹽稍微攪拌。依序加入 step1、step2 和 step3 並拌勻，全部混合後再加入 step4 中拌勻。

step6. 將麵糊倒入模具，入烤箱以 170/170 度烤 30 ～ 40 分鐘。

step7. 最後裹上融化的白巧克力，並自由搭配各式水果食用。

城市農夫的心靈雞湯，楊從貴。瘋子的勁，傻人的福

聽聽我們的故事，
看看我們的舞，
瞧那充滿生命力的姿態，
感受從靈魂而來的悸動，
跟著我們一起高歌吧！

Chapter 8
觀光休閒農業企業主

Tourism and Leisure Agriculture Business Owner

15

15

優遊吧斯！
傳唱高山青的矛達諾。

「 文化不是跳一場舞或導覽完就完畢的，而是要在
生活環境中，用心與美來傳遞。」———— 鄭虞坪

現為優遊吧斯股份有限公司董事長。「優遊吧斯」的誕生，是由於看到
鄒族人被迫離開祖先賴以維生的土地，而希望藉著這塊「夢土」，幫助
原住民築巢圓夢，並致力於推廣及吸引鄒族青年返鄉就業，保留傳統文
化。他將自己在古坑的咖啡經驗，移植到這片富饒的區域，產出臺灣難
得的高海拔咖啡商品及好口碑的高山茶。

城市農夫的心靈雞湯‧鄭虞坪　■　優遊吧斯！傳唱高山青的矛達諾

陽光曝曬

清洗咖啡豆

高山文化咖啡的心靈故事
從栽植到成果

採收咖啡

yuyupas!

咖啡文化形成的經濟活動，間接的幫原住民
創造了生產、生態、生活與生命的四生元
素，也為鄒族人打造了阿里山的天堂！

優遊吧斯鄒族文化部落的
主要產品包括茶葉、咖啡、蜂蜜、工藝品等，
並有鄒族精心準備的文化晚會表演。
透過優質的部落形象及旅遊體驗，
展現阿里山區的
好山好水、農特產品、手工藝品及鄒族傳統文化，
近年已成為
阿里山必訪的知名觀光景點。

烘焙

瑪翡
咖啡包裝

瑪翡
咖啡

築巢圓夢、讓夢飛翔

如果沒有先從外貌及背景去認識鄭虞坪，憑他對鄒族文化的侃侃而談，還有長年對阿里山鄒族的無私貢獻，幾乎會懷疑他具有鄒族血統。笑稱自己「非鄒人」、沒有半點鄒族血統的鄭虞坪，提到鄒族就讚賞有加：

「我覺得他們與生俱來有許多比漢族更優秀的地方，只是缺乏一個真正公平的舞臺及平臺。在藝壇上可以看到那麼多原住民藝術家，而歌壇上有幾個唱得贏原住民歌手？運動選手又有幾個能跑得贏原住民？」

🏠 優遊吧斯

📍 嘉義縣阿里山樂野村四鄰 127-2 號

📞 05-2562788

🌐 http//:www.yuyupas.com

鄭虞坪是在劍湖山工作期間，初次見識到鄒族員工純樸的天性與熱心工作的態度，而在阿里山協助推廣茶葉之後，更加心繫於此。2009 年的莫拉克颱風造成部落發展及生活品質嚴重低落，使他終於下定決心，以民間身分自籌資金來到阿里山，並於隔年創立了他口中所謂公平的「舞臺及平臺」——優遊吧斯鄒族文化部落——希望阿里山的鄒族原住民能夠在自己的家園「築巢圓夢、讓夢飛翔」。

對於優遊吧斯的築巢圓夢計畫，目前擔任董事長的鄭虞坪用堅定沉穩的口氣說出他的三個夢：「第一，讓部落老人家把文化傳承下去；第二，讓年輕人回鄉就業，延續文化；第三，讓遊客一睹阿里山的真正靈魂！」

文化融合的推手，期許富足安康

優遊吧斯是鄒族語 yuyupus，意謂著四季富有、內心富足，擁有一顆喜樂善良、分享及平安的心。園區海拔 1300 公尺，在茶園環繞、山嵐縹緲之間，可遠眺玉山及彩虹峽谷的壯麗美景，而且整個環境中的一花一草均由員工親手種下。目前員工總數從最初的 50 幾人增加至超過 80 人，而在所有員工當中，鄒族人的比例高達八成之多，這正是實踐了讓鄒族人在自己家鄉築夢的理念。

當初在沒有任何政府補助下，鄭虞坪幾乎挹注了全部資產，對於開墾初期的艱辛，他這麼回憶道：「上午穿著皮鞋去上室內課，下午就改穿雨鞋到工地蓋房子……」除此之外，質疑的聲音始終沒停過，「外面很多人在等著看笑話，覺得這公司跑進來幹什麼，是來騙土地？還是騙姑娘？內部則是員工素質的提升問題，很多人剛回部落，教育訓練不好做。」

那時，許多鄒族人認為他在阿里山的開發，是對部落文化的衝擊跟危害，祖先的土地淪喪了，被外人利用了。原住民對漢族的不信任感，鄭虞坪心知肚明，只以包容的心，透過優遊吧斯的經營及兩族員工的共事，讓彼此逐漸互相欣賞與融合。他欣慰地說：

「五年來，證明了一件事，這個困境是可以被改變的，漢族是值得信任的，不是每個漢人都是詐騙集團，不是每個漢人都來欺負原住民，也不是所有原住民同胞都不能接受改變跟學習……所以我說，優遊吧斯不是建在這個地方，而是『種』在這個地方。」

以新的生命力重見高山青

鄭虞坪帶著我們繞了一圈園區，哈莫文化館、茶屋品茗區、手工藝品的部落工坊、矛達諾（鄒族語 maotano，勇士之意）劇場、瑪翡景觀餐廳等，處處可見結合部落傳統與阿里山在地特色的巧

思，難怪開幕才第二年，遊客量便成長一倍。而且員工人數增加後，愈來愈多返鄉就業的部落青年在此成家立業，鄭虞坪還因此獲得經濟部頒發「創造就業貢獻獎」。

「瑪翡的意思是好吃好喝，是我這裡的招牌，也是山上本來就有的咖啡豆。所以我就思考怎樣能賦予它新的生命？」鄭虞坪以他多年鑽研咖啡的專家眼光，向我們介紹招牌瑪翡咖啡的由來。喝一口無奶無糖的黑咖啡，這苦中回甘的香醇滋味，好喝程度還真的跟一般外面的咖啡不一樣！

傳承部落文化
的心，
如同這瑪翡咖
啡豆，
苦中又帶點兒
香甜。

◀ 鄭虞坪的園區

1 - 香濃甘醇的阿里山咖啡
2 - 畫在樹幹上的鄒族長老
3 - 細心烘焙後的咖啡豆
4 - 軟枝黃蟬花
5 - 咖啡豆

舌尖殘留著餘韻不絕的咖啡香，遙想昔日部落
只剩垂垂老矣的勇士及少不更事的小孩子，美
如水的姑娘及壯如山的少年為了生計而不得不
下山討生活的衰落景象，在優遊吧斯的帶動
下，終於得以脫胎換骨、重獲新生，讓人對於
阿里山的原住民生活及文化重新產生美好的想
望？不知不覺地就輕輕哼起了那首〈高山青〉。

鄭虞坪的 MAFEEL 咖啡與象藝創意合作，獲得 2015 IF 設計獎，讓鄒族的傳統文化有了創
新的意味。象藝創意總監衷世文認為，咖啡已成為文化的情感創作，附上檜木製作的咖啡
勺，更能傳達原住民朋友樂於分享，重視文化傳承的意義。這些神話般的鄒族故事，成為
象藝創意創作的基因，透過包裝的呈現，讓 MAFEEL 咖啡的故事，獨一無二、與眾不同。

水蒸茶葉蝦餅

材料一

紅茶葉	3g
蝦仁	320g
芹菜	15g
薑	10g
胡荽子粉	1/2t
胡椒粉	1/2t
麵粉	1T
太白粉	2T
鹽	1/2t

材料二

蘆筍花	100g

貼心小祕訣：
紅茶葉一定要切很碎，料理時味道才會出來。

作法

Step1. 將紅茶茶葉、芹菜切碎，蝦仁剁成泥，薑磨泥。材料一拌勻入盤，放至鍋中蒸煮。

Step2. 滾水燙蘆筍花，取出放在盤中，再將蒸好的蝦餅放置於上方即可。

咖啡牛肉丸

材料一

義式咖啡	40cc
豬絞肉	120g
牛絞肉	280g
佛手柑	2g
馬蹄（洋地瓜）	50g
鹽	1t

材料二

雲吞皮	300g

作法

step1. 切碎佛手柑、馬蹄，將材料一拌勻。

step2. 用大雲吞皮將材料一包成圓形，上用咖啡豆裝飾，入蒸籠蒸熟。

 貼心小祕訣：

雲吞皮要包裹好肉餡，避免蒸煮時滴出。

番薯沙拉

材料一
黃番薯··························· 1 條
紅蘿蔔··························· 40g
太白粉··························· 2T
麵粉····························· 4T

材料二
紅蘿蔔··························· 40g
洋蔥····························· 30g
小黃瓜··························· 50g
高麗菜··························· 50g
雞胸····························· 80g
番茄····························· 50g

材料三
花生油··························· 1t
糙米醋··························· 2T
鹽······························· 2/3t
胡椒··················· 1/2 t 的 1/3
白芝麻··························· 1t
醬油····························· 1t

作法
step1. 將材料一番薯、紅蘿蔔切絲拌勻，下油鍋炸
　　　　至酥脆撈起。

step2. 材料二紅蘿蔔、洋蔥、小黃瓜、高麗菜切絲，
　　　　雞胸切碎，番茄切片，全數拌勻。

step3. 拌勻材料三為醬汁，將前兩項盛盤，再於沙
　　　　拉上淋上材料 3 即可。

 貼心小祕訣：
油鍋內的油可拿 1 小絲的地瓜入炸，若有小氣泡表示
油溫達到可油炸的適當溫度。

火龍果西米凍與黑糖蜜

材料一

西谷米	4t
水	1000cc

材料二

紅火龍果	適量
柚子	適量
粉圓	適量
冬瓜黑糖蜜	適量
冰塊	適量
檸檬汁	適量

作法

step1. 將材料一的西谷米和材料二的粉圓
　　　入煮沸的水中煮熟。

step2. 選擇透明容器(高長杯最佳),放
　　　入去除水的西谷米和粉圓,再放上
　　　紅火龍果、柚子、冬瓜黑糖蜜(材
　　　料均依容器大小放入等比例的量),
　　　淋上適量的檸檬汁即可。

🍲 貼心小祕訣:

西谷米用小火煮至半透明,當米心中間只剩一點點白芯
時,即可關火。餘溫即可將西谷米燜熟。要西谷米有彈性
就一定要用冷水沖過,不可偷懶省略此道工夫。西谷米最
好當天吃完,以免隔夜變硬。

BiDi 法式蛋糕棒棒糖

My dear, just one bite, great moment is worth reliving.

親愛的，人生只有一口，值得你好好品嚐！

自然健康的幸福滋味，給您難忘的婚禮盛宴！

BiDi 法式蛋糕棒棒糖，運用台灣在地特色食材，如香蕉、甜菜根、南瓜、地瓜、檸檬、蕃茄、
紅蘿蔔、芝麻、紅茶、咖啡、水果、米等天然食材，做出專屬於東方的小甜點，讓幸福更健康。

f BiDi 法式蛋糕棒棒糖 | Q

NORDIC WARE®

MADE IN THE U.S.A.

本書使用鍋具簡介
美國製造鑄鐵鍋具系列

長型粉彩鑄鐵烤盤
22.9 x 33 x 7 cm

橢圓形鑄鐵砂鍋
29.8 x 24.5 x 11 cm

10吋深層鑄鐵鍋
25.4 x 25.4 x 5.7 cm

8吋鑄鐵煎鍋
20.3 x 20.3 x 4.1 cm

方形條紋鑄鐵煎盤
26.7 x 26.7 x 3.8 cm

 100% 美國製造

─────── 開課發燒中 ───────

 烘培體驗課程　　 東方養生課程　　 無油料理課程　　 兒童親子課程

欲報名課程，請至明曜百貨諾迪威專櫃報名或FB粉絲專頁詢問
 Nordic Ware 諾迪威 台灣區獨家總代理 |

7F 美國諾迪威
明曜形象館

農法介紹

回溯人類生產的歷史,自新石器時代起,人類歷經漫長的無化學肥料或農藥的時代,一邊向大自然學習,擷取大自然的資源,一邊運用前人的智慧來耕種。然而近半世紀以來,人類卻在「糧食增產」的名義下,以追求大幅產量與品質提高之耕作方式,過度仰賴速效性化學肥料及農業藥劑,無視大自然的生態循環運作,走上了「化學藥品氾濫」的危險道路,不僅造成土壤性質劣化,地球幾十億年寶貴的自然生態體系也日益遭受破壞,我們自身安全的飲食生活也受到威脅。

本書希望藉由介紹不同農法卻殊途同歸的理念,讓更多的讀者了解,仍有一群人默默的在為這地球的永續盡一分心力,期許我們的下一代有更好的生存環境!

關於自然農法 ——— 李炎福

追求生產、生活、生態「三生一體」或「永續」的一種耕作方式。

植物一旦作為人類社會中的商品，無論最後的用途為何，在有市場供需及經濟價值之後，往往只有兩種下場—不是變很多，就是變很少。為了提高經濟效益，往往走向產業化及規模化的運作通則，再加上時代背景的需求，如人口增加及糧食危機，還有經濟建設第一而以農林培養工商等，大自然中的植物生長便在人類文明發展的過程中被強力干預，變本加厲地被單一種植或消耗殆盡。

在全球人口暴增及科技進步下，人類大量使用農藥、化學肥料及除草劑等，以對抗大自然的方式來獲得穩定的糧食生產，短期內發揮出「人定勝天」的強大效果。不過亦產生了諸如土地變得貧瘠，甚至無法再種植作物，或者作物殘留藥劑毒性，生態多樣性消失等嚴重後果。迫於類似毒癮的戒斷現象（第一線的農民無法等待土地恢復活力）、科技進步的迷思（相信能開發出完美的農藥）、市場導向（消費者因無知或有意識地接受便宜但健康風險高的食品）、還有惡意隱而不揚的商業手段（如孟山都這家公司的作為）等環環相扣的諸多因素，農業用藥情形變得愈陷愈深、沈痾難起。

在用藥耕作方式（或稱慣行農法）以及機械化的興起，農業發展嚴重破壞並改變了整個大自然的生態環境。不過隨著環境與消費者意識抬頭，各地有志之士開始倡行所謂的自然農法。自然農法的生產技術與慣行農法截然不同，也演化出不同分支或流派，操作細節及術語或有差異，然典型的共通特徵不外乎以下幾點：第一，不使用任何工業製造的化學藥品；第二，不追求慣行農法的產能；第三，可忍受較高的勞心勞力付出。

自然農法也可以種出碩大香甜的蔬果。

簡單說，自然農法不再只是從個人維生或商業考量的偏狹角度出發，而是格局更大的全體衡量，除了盡可能使作物仿效原本大自然中的植物生長方式，使人類耕作接近一般生物與天爭食的模式，並且隨著發展及推廣，影響逐漸擴及農業以外的許多文明面向。一言以蔽之，自然農法是在生產、生活、生態（經濟、文化、自然）這三者間追求平衡，追求「三生一體」或「永續」的一種運動。

所以即使沒有實際從事農業生產，在生活及工作中可接觸到的許多議題，如環境保護、能源危機、糧食戰爭、食安風暴、食療與慢活、半農半 X、里山生活、青年返鄉、農地農用、土地正義等，追根究柢都能或淺或深地納入自然農法的討論範疇。反之，每個人都有可能在日常中實踐自然農法，成為自然農法精神延伸的一角，如減少塑膠袋或科技產品的使用（共通特徵第一點），不追求財富或迎合工商社會的傳統價值觀（共通特徵第二點）。

嚴格來說，自然農法不是什麼新興的農法，但在今日資本主義橫行下，卻是一個起於農業的革命，而且方興未艾。

關於友善農耕 —— 李美金 / 吳慶鐘 / 白一心 / 謝無愁

破壞的土地，只能先以友善耕作方式慢慢改善土壤，以耐心養土，進而走向自然農法。

「有機」一詞是臺灣消費者最耳熟能詳的，是以國家力量對農產品訂出一套品質規範及認證程序，以保障消費者吃的權益。國內有機認證標章為雙標章，左邊統一為 CAS 標章，右邊為認證單位的標章。農糧署配合的認證單位目前至少有十家以上。先不論各家認證單位的公信力及嚴格度，光如此便可稍作想像，絕對能以不只一種耕作方法通過國家訂定的有機標準。

在各式各樣食安及認證問題層出不窮的情形下，慢慢發展出一種稱為「友善農耕」，並以漸進式走向自然農法之實踐方式。主要精神大抵為：第一，以大自然為師；第二，保持友善的態度。

第一點，與其討論各式人為規範、認證或農法，不如回到食物的原點—大自然，從實際的種植行動中，親身觀察大自然的行為與現象，不斷累積、學習而逐漸建立起自己的農耕方法。相較於有生產壓力的種植方法，投入的時間及成本都會較高，但卻是跳脫植物生產線及認證制度等種種工業化思維的第一步。

第二點，要對環境友善，了解環境而非介入自然的平衡；對伙伴友善，彼此協助農事，分享種植經驗及作物；對敵人友善，認識傳統認為不利於作物的田間雜草及昆蟲，思考生物多樣性的意義。以友善的態度來面對種植過程中的人、事、物，才可能以大自然為師。

依循著這兩種精神，友善耕作者願意等待土地恢復活力，願意花時間先從了解開始，然後學習及思考、實作，對作物及糧食不會從消費導向來論成敗，對人的信任感大於認證的效力。所以友善農耕並不是什麼獨門派別，只是嘗試回到

如大自然般的開放及包容，並結合爭取食物自主權、直接向農夫購買、減少食物里程、反精緻烹調等食農觀念，減少商業行為對農法的干擾，務實地邁向心目中自然農法的道路。

充滿雜草落葉覆蓋的友善耕作，田畦土質慢慢的改善中。

關於秀明農法 ——— 黎旭瀛

無肥料栽培能帶給土地能量，除了草葉堆肥，不加入任何肥料。

要認識秀明農法，可從兩個官方網站開始，一個是「中華民國神慈秀明會」（www.shumei.tw），另一個則是「秀明自然農法協會」（www.shumei.org.tw）。

根據秀明自然農法協會的官方資料，目前全臺施行秀明農法的農場有 37 座，較多位於中部以北。北部較知名者如淡水的「幸福農莊」及南澳的「阿聰自然田」。幸福農莊的主屋中，在時鐘下掛著三幅照片，代表著神慈秀明會要建立教義中的全人類理想世界時的實踐方法，也就是透過三種藝術活動：生命的藝術、農業的藝術、美的藝術。而農業的藝術便是秀明自然農法。

神慈秀明會的創始人是小山美秀子，從生平可知其財力雄厚，是日本最富有的女士之一。她在 1941 年師從岡田茂吉，早在 1935 年便提倡自然農法，並創立「世界救世教」。小山美秀子則在 1970 年自立門戶創了神慈秀明會，尊稱岡田茂吉為教祖或「明主樣」。目前世界救世教的教主是四代目的岡田陽一，救世教還分成「いづのめ」、「東方之光」、「主之光」三大教團。每個教團基本上都是照著岡田氏思想來實施自然農法，雖然神慈秀明會也恪遵教祖的自然農法，但因美秀子脫離救世教系統，所以另稱「秀明農法」。

對有機認證稍有認識的讀者可能還聽過 MOA 標章，MOA 就是推廣岡田茂吉理念的國際組織，1980 年成立於華盛頓 D.C.，並以其名字（Mokichi Okada Association，岡田茂吉協會）之簡稱命名。臺灣則遲至 2007 年才成立「中華

無肥料栽培的秀明農法，一樣有採摘的樂趣。

民國 MOA 協進會」。但有此一說，MOA 今日的施行細則因與現實磨合而有折衷和轉變，反倒秀明農法可能還比較接近岡田氏當初的無肥料栽培初衷，這也是 MOA 與秀明兩者很粗略的一個差異比較：MOA 可接受非化學的有機肥料，但秀明農法更嚴苛。引用幸福農莊女主人陳惠雯所著的《我的幸福農莊》書中所述：

「自然農法」是日本岡田茂吉大師所提倡的自然農耕哲學。而「秀明自然農法」則是嚴格按此哲學來施行的農耕方式。在這種栽培方式剛被提出時，其實是稱為「無肥料栽培」。也就是以「尊重自然、順應自然」為原則，除了草葉堆肥，不加入任何肥料，包括一般稱為有機肥的所有肥料。目的是讓土地回復潔淨，種子能消除「肥毒」，人能得到真正的健康。不過，能回復大地生機，使人得到健康，百分之百達到永續經營卻是共同的特徵。

舉例而言，幸福農莊有片地瓜園，從農場草創之初的荒廢貧瘠開始種植地瓜，到如今經營十四年來從未施用過肥料。據稱「蘋果爺爺」木村秋則曾應邀參訪幸福農莊，在尚未踏入地瓜園時，只在路口瞅一眼便對陳惠雯說：「啊！你這地瓜的土太肥了！」

秀明自然農法對無肥料栽培能帶給土地的能量，其堅持與信心可見一斑。有機會到幸福農莊親眼見證地瓜園的奇蹟，一定會對秀明自然農法有更深的體悟。

關於樸門永續設計 ——— 唐敏

著重於人類聚落如何以結合生態的農業系統來自我維持而衍生的一套永續設計與利用。

人類在發展農業的過程中，處心積慮地只尋求人類單一利益，從而對地球造成許多負面影響。想要彌補的話，得一併解決其他更多面向及層次的問題，才可能澈底終止農業對自然的衝擊。

這當中涉及的深度及廣度，除了造就不同的自然農法分支，也讓有心實踐自然農法的現代人不得不變成多才多藝的農夫—涉獵及結合不同領域的知識，觀察及分析各種元素，最後找出適時適地的生態關係等。而這種作為在現代發展中，可更貼切地稱為「永續設計」，因其內涵早已不是特定的技術或有機種植法足以涵蓋。至於永續設計中較知名的佼佼者，當非「樸門」莫屬。

樸門（Permaculture）最早是由澳洲生態學家 Bill Mollison 和 David Holmgren 在 1970 年代所提出的方法，起初著重於人類聚落如何以結合生態的農業系統來自我維持，英文字面意思也是「永續農業」之意，但演化至今已成為一套整體的設計工具。綜觀而言，樸門若干重要特徵如下：

第一，不論身在何方，不論處理對象是市鎮規劃、擬定貿易制度、照顧陽臺盆栽或整座森林，樸門不變的核心價值或「倫理」即：照顧地球、照顧人類、分享多餘。

第二，大量借鑑自然界的運作模式，應用於設計系統中，並分析如使用頻率及生物需求來配置系統的子區域，最後讓各個區域的元素之間形成有效的連結關係，以增加系統的穩定性。

樸門永續設計裡，創造一個自給自足、食物森林、自製堆肥區的家園系統是很重要的。

第三，對於某個系統或問題，設計出的替代/解決方案不但要長久維持預想中的效益，更要能成為若需要重新設計時的基礎。

以上僅為粗淺列舉，但不難想像樸門的實際作法必然有許多彈性與修正空間。事實上，樸門從最初試圖要精準仿效自然界，到後來則是偏向將自然界中的有用關係運用在設計中，不必然呈現出如森林或綠野般的環境，但相信尊重生態原理的系統其運作效益及永續性應差可比擬自然界。所以樸門的應用範疇也不斷延伸擴散，幾乎沒有限制，影響無遠弗屆。舉例來説，有些實踐者正在把靈性與個體成長工作整合進樸門的架構中。

因此之故，樸門於澳洲興起後就以席捲之姿，成為全世界的一種永續運動。Bill Mollison 更於 1981 年獲頒另類諾貝爾和平獎（alternative Nobel Prize）。而澳洲樸門永續設計中心也開發一套 72 小時的樸門永續設計認證課程（Permaculture Design Course，簡稱 PDC 認證課程）。PDC 認證課程通常為期兩週，以理論及實作讓學員迅速掌握 Bill Mollison 的《樸門設計者手冊》中每一個重要主題，包括「樸門基礎哲學和倫理學」、「樹林、森林之運作及為如何學習模仿其系統之運作」、「大地工程」、「水產設計」、「能源效率結構和自然建築」等。

對樸門有興趣的讀者，可至臺灣樸門永續設計學會（www.permaculture.org.tw）及大地旅人（earthpassengers.org）等官網，進一步了解樸門在臺推廣的活動、設計案例分享及 PDC 課程資訊。相信無論任何人，都可透過樸門替自己的生活找到新的可能。

關於生機互動農法 —— 吳水雲 / 黃田環

重視日月星辰的天象及星象關係、家畜作物共同生產的農法。

在臺灣教育政策長年為人詬病的同時，公辦民營的實驗學校及特許學校也逐漸拓展其發展空間。如宜蘭相當知名的慈心華德福教育實驗國民中小學，在 2015 年 9 月改制為實驗高級中等學校，成為全國第一所完整的十二年一貫公辦民營實驗學校。這除了為華德福家長所樂見外，對於「有機立縣」的宜蘭農業發展更別具意義。

第一個是華德福教育本身包含臺灣國民教育鮮見的園藝及農耕課程安排，對於食農教育的向下扎根極為重視；第二個則是華德福吸引了許多外縣市家長，為了讓小孩就讀華德福，整個家庭包括工作都配合「轉型」，比如遷戶籍到宜蘭，還有於小孩在學期間，有些人乾脆趁勢在宜蘭從事農耕，這形成另一種食農教育的向上推廣力量；第三個則是讓所謂的「生機互動農法」（Bio-Dynamic Agriculture，簡稱 BD 農法），得到更多能見度。

無論華德福教育或 BD 農法，都是由德國人智學始祖 Rudolf Steiner 所創。BD 農法起源於 1924 年，當時有德國農夫前來求教 Steiner，反應土壤地力下降，作物生長不如以往，還有家禽疾病遽增等問題，於是 Steiner 深入研究後，為這些農夫辦了八場指導講座，並將演講內容彙編成書，成為日後 BD 農法的基礎。

BD 農法目前由最古老的有機農業組織 DEMETER 所奉行且致力推廣，主張把動植物、生態環境、地球運行與星辰變化，視為一個活的有機體，倡導不汙染環境、回歸自然、恢復土壤活力。對土壤中養分的輸入輸出（含氮比）也有不同層次的認知，也就是土壤生命力、種子發芽力、作物生植力；而這必須與自然界共同合作運作，才能真正達到地球與人的生態平衡。

人在農場與動物共同生產的環境，讓土質呈現最佳的黑色壤土（稱黑鑽石）。

因此，BD 農法結合古老的農耕藝術與天文、科學，以靈性的觀點注入農業，將宇宙運行的節奏原理帶回農場中。如瑞士、紐西蘭等國家實行 BD 農法時，會根據宇宙之運行及觀測天象後紀錄的天文耕作曆法，比如在滿月的前二、三天或土星和月亮相對時，是適合作物播種之氣候。掌握此不變原理，也會有一套適合臺灣風土的 BD 耕作曆法。

至於一般有機農業的原則也均在 BD 農法的涵蓋範圍，如建立生物多樣性，利用種植數種植物，讓動物、昆蟲回到農場，形成一完整生態系，也就是將單一化生產方式轉為多樣性；作堆肥保留土壤中養分（正常土壤的有機質含量為 2.5％ 至 3％），並以農場中的作物製作堆肥，不使用氮磷鉀肥料；種植綠肥作物，提高有機質含量；實施輪作及休耕等。

單就農產品的品質來說，目前以 BD 農法為認證標準的國際 DEMETER 認證，是唯一榮獲歐盟免檢驗商品的標章。對於長期在有機超市購物的消費者，以歐盟的「龜毛」，就知道此認證的品質之高及 BD 農法的觀念較一般有機農法先進（所以事實上，有機認證是有分等級的）。

當然，從上可知，BD 農法不僅僅只為了生產健康和安全的食品，而是跟任何自然農法都一樣，透過農耕從不同角度去看待人類和地球的關係，試圖為人類如何能長久棲息在地球上找到一條出路。希望讀者最終能體悟此點，而不侷限於農法的派別或細節。

leaiart
樂 藝 文 創 美 學 院

TAIPEI BEIJING TORONTO KUNMING

從 東 方 文 化 出 發 ， 看 見 " 心 " 價 值

台灣Leaiart樂藝文創美學院，由台灣象藝創意總經理袁世文匯聚台灣的美學能量在2010年創辦成立，致力將台灣的美好生活面貌與"變化萬千"的生活形態、各地豐富的文化面貌與細膩多元的感質品味，以溝通體驗、策展、出版、創意分享課程演講等多元體驗方式，一步一步的將東方哲思的好心"藝"作為主題推廣。

而台灣各地的文創工作者，更是其中的夢想實踐家，這股內在的美麗力量，如何持續被發掘，被看見，被傳承與被保存，一直是我們在努力發現之處。

品 味 文 創 　 賞 析 美 學 價 值

台灣Leaiart樂藝文創美學院除了一般性的美學觀察與美學實踐外，逐步透過：發現文創，思考文創與體驗文創到應用文創四大主軸作為落實課程的架構，主題多元實務。

在文創產業美學感質已成為當代顯學的今日，台灣Leaiart樂藝文創美學院初步從微型文創的創作哲學發現文創工作者如何透過本體文化的啟蒙，發現創作的方向，並逐步實現自我理想，讓有興趣從事但不得其門而入的學員朋友能夠一窺其堂奧，賞析品味甚至參與。

從 台 灣 的 文 創 經 驗 出 發 ， 看 見 成 功 的 品 牌 經 營 之 道

此外，在另一個經營層次，則是從產業的全面思維開始，從文創品牌的定位出發，逐步檢視品牌經營所面臨的各種挑戰，學習文創CEO如何思考營銷盤整並透過品牌管理執行，讓夢想成為真實。

台灣Leaiart樂藝文創美學院，希望在這個渾沌多元的時代，借由釐清與分析的理性角度，開展感性之門，讓生命的旅程更有價值並且充滿意義，注入知性之旅的多元美學與文化藝術更能發現自我，洞察未來。我們的五感知覺，終究會回到第六感"心感"，之後就有了歸依。

期待未來有更多的朋友加入，透過不同的文化創意與美善基因，一起為如何能成就美好的生活努力，共同發掘更多更美更好的真善美故事。

團隊後記

吳卯瑜

出一本書不容易，而出一本集眾人生命經驗分享，並且有著共同理念的書更是一種挑戰。書裡的每位受訪者都是在身土不二的信念下，慢慢滋養自己與土地發生的關係，並且將自己農場或是從小農處採摘採買的蔬果，以不過度烹調的方式分享在此書裡。透過出版，我們可以讓更多志同道合的人共襄盛舉！相信城市農夫」會成為我們每個人生活裡「心靈雞湯」萌芽的種籽！

潘韻丞

本書在眾多同類書當中，就像數十萬種植物中的一種般，或許不足為奇，但自有其芳香、姿態及個性，若能在喧囂的工作之餘靜下心細細觀賞，在心裡某處可能會不知不覺萌出意想不到的嫩芽喔。

王博昶

每每見到市場散亂一地的腐敗蔬果，總覺不捨，不捨的是農夫辛勤的汗水，不捨的是因食安風暴、農產滯銷，那斗笠下隱隱泛出的淚光。透過本書，您可以了解為了眾人吃得健康，所需投入的努力；看完本書，您也可以成為其中的一份子，一起為了食安而努力。

吳佳靜

近年接連爆出的食安問題令人心慌，用滿滿愛心為家人準備餐點的人們，如今卻為了怎樣才能吃得安心大傷腦筋。愈來愈多人希望拿回食物的自主權，愈來愈多人嚮往反璞歸真的簡單生活。就讓我們透過本書，一同品味實踐者們的溫暖故事。

城市農夫的心靈雞湯

總 策 劃　譽藝國際有限公司 袁世文
發 行 人　陳本源
行銷統籌　吳卯瑜、王博昶
執行編輯　吳佳靜
採訪編輯　潘韻丞
行政編輯　郁康梅、姜魯萍
視覺創意　象藝創意有限公司 徐暄雅
出 版 者　全華圖書股份有限公司
郵政帳號　0100836-1號
印 刷 者　宏懋打字印刷股份有限公司
圖書編號　09130
初版一刷　2016年3月
定　　價　新台幣350元
I S B N　978-986-463-133-9
全華圖書　www.chwa.com.tw
全華網路書店 Open Tech www.opentech.com.tw
若您對書籍內容、排版印刷有任何問題，歡迎來信指導book@chwa.com.tw

臺北總公司（北區營業處）
地址：23671新北市土城區忠義路21號
電話：(02) 2262-5666
傳真：(02) 6637-3695、6637-3696

中區營業處
地址：40256臺中市南區樹義一巷26號
電話：(04) 2261-8485
傳真：(04) 3600-9806

南區營業處
地址：80769高雄市三民區應安街12號
電話：(07) 381-1377
傳真：(07) 862-5562

國家圖書館出版品預行編目（CIP）資料

城市農夫的心靈雞湯／袁世文作--初版--
新北市：全華圖書，2015.12
　面；　公分

　ISBN 978-986-463-133-9（平裝）
　1.有機農業 2.農民 3.臺灣傳記
430.13　　　　　　　　　104029073

歡迎加入 全華會員

● 會員獨享
會員享購書折扣、紅利積點、生日禮金、不定期優惠活動…等。

● 如何加入會員
填妥讀者回函卡寄回，將由專人協助登入會員資料，待收到 E-MAIL 通知後即可成為會員。

如何購買

全華書籍

1. 網路購書
全華網路書店「http://www.opentech.com.tw」，加入會員購書更便利、並享有紅利積點回饋等各式優惠。

2. 全華門市、全省書局
歡迎至全華門市（新北市土城區忠義路21號）或全省各大書局、連鎖書店選購。

3. 來電訂購
(1) 訂購專線：(02) 2262-5666 轉 321-324
(2) 傳真專線：(02) 6637-3696
(3) 郵局劃撥（帳號：0100836-1 戶名：全華圖書股份有限公司）
※ 購書未滿一千元者，酌收運費 70 元。

OpenTech.com.tw 全華網路書店

全華網路書店 www.opentech.com.tw
E-mail: service@chwa.com.tw

※ 本會員制如有變更則以最新修訂制度為準，造成不便請見諒。

讀者回函卡

填寫日期：　　/　　/

姓名：　　　　　　　　　　生日：西元　　　年　　月　　日　性別：□男 □女

電話：（　　）　　　　　　　　　　傳真：（　　）　　　　　　　手機：

e-mail：　　　　　　　　　　　（必填）

註：數字零，請用 Φ 表示，數字 1 與英文 L 請另註明並書寫端正，謝謝。

通訊處：□□□□□

學歷：□博士 □碩士 □大學 □專科 □高中・職

職業：□工程師 □教師 □學生 □軍・公 □其他

學校／公司：　　　　　　　　　　　　科系／部門：

・需求書類：
□ A.電子 □ B.電機 □ C.計算機工程 □ D.資訊 □ E.機械 □ F.汽車 □ I.工管 □ J.土木
□ K.化工 □ L.設計 □ M.商管 □ N.日文 □ O.美容 □ P.休閒 □ Q.餐飲 □ B.其他

・本次購買圖書為：　　　　　　　　　　　　　　　書號：

・您對本書的評價：
封面設計：□非常滿意 □滿意 □尚可 □需改善，請說明
內容表達：□非常滿意 □滿意 □尚可 □需改善，請說明
版面編排：□非常滿意 □滿意 □尚可 □需改善，請說明
印刷品質：□非常滿意 □滿意 □尚可 □需改善，請說明
書籍定價：□非常滿意 □滿意 □尚可 □需改善，請說明
整體評價：請說明

・您在何處購買本書？
□書局 □網路書店 □書展 □團購 □其他

・您購買本書的原因？（可複選）
□個人需要 □幫公司採購 □親友推薦 □老師指定之課本 □其他

・您希望全華以何種方式提供出版訊息及特惠活動？
□電子報 □DM □廣告 （媒體名稱　　　　　　　　）

・您是否上過全華網路書店？（www.opentech.com.tw）
□是 □否 您的建議

・您希望全華出版那方面書籍？

・您希望全華加強那些服務？

～感謝您提供寶貴意見，全華將秉持服務的熱忱，出版更多好書，以饗讀者。

全華網路書店 http://www.opentech.com.tw
客服信箱 service@chwa.com.tw

2011.03 修訂

親愛的讀者：

感謝您對全華圖書的支持與愛護，雖然我們很慎重的處理每一本書，但恐仍有疏漏之處，若您發現本書有任何錯誤，請填寫於勘誤表內寄回，我們將於再版時修正，您的批評與指教是我們進步的原動力，謝謝！

全華圖書 敬上

勘 誤 表

書號		書名	作者
頁數	行數	錯誤或不當之詞句	建議修改之詞句

我有話要說：（其它之批評與建議，如封面、編排、內容、印刷品質等‧‧‧）